# イヌ・ネコ
## ペットのためのQ＆A
イヌ・ネコからウサギ・ハムスター・インコ・カメ・フェレットまで

PIE International

# 「イヌ・ネコ ペットのためのQ&A」の発刊に当って

（公財）動物臨床医学研究所理事長・東京農工大学 名誉教授
山根義久

近年、動物と共に生活をしたり、接触することにより得られる効能・効果が注目されている。また、それらを裏付ける論文も多く目にする。特に、欧米では２０００年以後、急激に増加している。具体的にはオキシトシン（幸せホルモン）の血中濃度が高くなることが実証され、その結果、弱者への思いやりや協調性さらに幸せ感が増幅され、一方脳波のα波の増加によるストレスの減少や解消等がみられることである。すでに、人間社会においてその対応が具体的に現場で実施されつつある。

しかし、その一方で動物達を飼育する人達が果たしてそういう事例を充分に理解しているかは疑問であり、さらに一般的には動物の本能や気持ち等を考慮せず、人間の都合で一方的に多くのことをイヌやネコ等の動物達に押しつけていることも考えられる。

人と動物達がより良い関係で共生するためには、動物との付き合い方、動物側に立った物の捉え方等を少しでも理解しておくことが必要不可欠である。

此の度、そういう状況を考慮し、実際に動物（イヌ、ネコ、ウサギ、インコ、カメ、ハムスター、フェレット）と接触したり、生活を共にしている方々に、普段疑問に思ったり、不明なことを広範囲にわたり質問形式で計６４９題という膨大な数を提出して頂き、それらを各動物毎に〝飼い方、しつけ、繁殖、病気・けが、食事……〟等の項目に分類し、それらの項目に少しでも関係のある専門家36名の方々に丁寧に、判り易く解答して頂いた。

編集に携わってみて改めて思ったことは、人から動物を見て、こんなに普段思ったこともない疑問や、全く経験したことの無い内容の質問等の多さに驚き、さらに判っていないことの多さも再認識した。

解答の中には、全てエビデンスに添っているのではなく、不明確な点は多くの経験や文献から推察したものもあり、当然全てが完璧ではないかも判らない。今後の研究によっては、これらの中には今後修正をされるものが生じることは容易に推察される。

この点は、読者の方々も充分に理解して欲しいし、疑問があれば事務所の方へご連絡頂きたい。是非とも再版の時に参考にさせて頂きたいものである。

本書が少しでも動物達との生活の質の向上や、共生に役立つことを祈念するものである。

２０１５年11月吉日

## イヌ

### 飼い方について

#### 飼い始める前に


子イヌを飼う前に準備しておく用品は？……30
人に忠実な犬種は？……31
毛の抜けにくい犬種はいますか？……31
初めてのイヌでロットワイラーはやめた方がいいでしょうか？……32
季節の変わり目に脱毛するのですが、病気でしょうか？……32
イヌの換毛期は何月頃でしょうか？……33
子イヌは何カ月から飼えますか？……34
子供がイヌアレルギーです。どう対処したらいいですか？……34
喘息を持っている子供がいますが、イヌは飼えますか？……34
子イヌを飼う場合、環境の変化による体調面で気をつけることは？……35
子イヌを迎えたとき、すぐにリラックスさせるにはどうしたらいいですか？……35
成犬から飼う場合、しつけはできるのでしょうか？……36
子供だけでイヌをペットショップで買えますか？……36
引っ越しするときに気をつけることはありますか？……37
子供が小さいのですが、大型犬を飼う場合の注意点は？……38
去勢したオスイヌを飼っていますが、2頭目はオスとメスどちらがいいですか？……38
初めてイヌを飼うのですが、できれば保護犬にしたいです。その方法は？……39
保護犬を迎える場合の心構えとは？……40
イヌを怖がる小型犬を飼っていますが、もう一匹飼うことはできますか？……40
オスのイヌを飼っています。新しく迎えるイヌは、メス・オスどちらがいいですか？……41
イヌを飼っていますが、留守が多いので遊び相手にもう1頭飼ったほうが良いでしょうか？……41


#### 基本的な知識


イヌの飼い方の基本とは？……42
年齢や体重で運動量は違いますか？……43
イヌの視力と聴力はどのくらいあるのですか？……44
イヌの嫌いな音はありますか？……44
イヌの生理の周期と期間はありますか？……45
つねに「ハアハア」とパンティングしているのは、なぜですか？……45
イヌと人間の年齢の換算方法は？……46

イヌの平均寿命は？…… 46
イヌの感情表現は尻尾や耳から理解すると聞きましたが、具体的には？…… 47
イヌの鳴き声にはどんな意味があるのでしょうか？…… 48
イヌの耳や口を触ると嫌がるのですが、なぜですか？…… 49
イヌが地面に仰向けになって背中をこすりつけますが、どのような意味があるのでしょうか？…… 50
ワクチンの接種はいつ頃までにすれば良いのでしょうか？…… 50
イヌの届け出と必要なワクチンの種類は？…… 51
毎年、ワクチン接種をしなくてはいけないのでしょうか…… 52
散歩で、糞を持ち帰ったあとの処分方法は？…… 52
ペットショップで売れなかった動物はどのようになるのでしょうか？…… 53


## 飼い始めてから

7カ月の子イヌを飼っていますが、小3の息子にだけ噛みつきます。なぜですか？…… 53
子供がイヌに口移しで食べ物をあげていますが、病気など問題ありますか？…… 54
子供が生まれるのですが、イヌとうまくやっていく方法はありますか？…… 54
イヌの肛門絞りってどういうことですか？…… 54
肛門腺を絞るのは、慣れていなくてもできますか？頻度はどのくらいですか？…… 55
散歩を嫌がりますが、行かなくてもいいのですか？…… 56
散歩は一日にどのくらい行けばいいのでしょうか？…… 56
正しい散歩のさせ方は？…… 56
真夏にイヌの散歩をさせて大丈夫ですか？…… 57
イヌの快適な温度は何度くらいですか？…… 57
室内犬は散歩させなくてもいいのでしょうか？…… 58
大きな音を怖がらないようにするにはどうしたらいいでしょうか？…… 58
雷や花火の音に怖がりオシッコをもらします。どうしつけたらいいですか？…… 59
子イヌの離乳食は何カ月目からですか？…… 59
イヌにもイヌ友達は必要ですか？…… 59
散歩は大雨の日でもしたほうがいいのでしょうか？…… 60
家族でイヌを連れて旅行に行きたいと思うのですが、その注意点は？…… 60
イヌが泊まれるホテルに、1歳以上という制約があるのはなぜですか？…… 61
電車で旅行に連れて行くときの注意点は？…… 61
車で旅行するときの注意点は？…… 61

海水浴場で、海に入ってもいいのでしょうか？……62

## お手入れについて

飼っている大型犬が、シャンプー嫌いでなかなか洗わせてくれません。なにかいい方法は？……62
子イヌのシャンプーは、どのくらいの頻度でしたらいいのですか？……62
爪切りは必要ですか？……63
歯石を取るのはどのようにしたらいいのでしょうか。……64
被毛の手入れ方法は？……64
トリミングに出すと、ヒゲが切られて戻ってきます。いいのですか？……65
歯周病予防、歯磨きに「グリニーズ」（歯磨きガム）を使い続けてもいいのでしょうか？……65
イヌ用のガムは何歳頃から与えたらいいのでしょう。……66
歯磨きは一般的にやるものでしょうか？……66
ダニやノミを駆除する薬はありますか？……66
ブラッシングすると嫌がって噛みついてきます。おとなしくさせる方法は？……67
迷いイヌを保護したので、近所の電柱に貼り紙を貼ってもいいのでしょうか？……67
毎日吠えてばかりいるので、近所から苦情がきました。どのようにするのがいいのでしょうか？……68
散歩しているイヌに噛まれた箇所が内出血をして腫れました。このまま放置しておいていいのでしょうか？……68

## 繁殖について

去勢させず7年が経ちました。高齢なので、去勢したほうがいいのでしょうか？……69
避妊手術、去勢手術のメリット、デメリットは？……69
避妊手術後、どのくらいエリザベスカラーをつける必要がありますか？……70
避妊手術後は太ると聞きましたが、なぜですか？また、太らないようにするにはどうすればいいですか？……70
交配と病気には因果関係はありますか？……71
メスイヌが、腕や脚に陰部を擦りつけてきます。直す方法は？……71
偽妊娠とはどういうことですか？……72
出産にともなう母イヌの体の変化はどのようなものですか？……72
妊娠の兆候と確認方法は？……73
交配をしたいのですが、発情期を見分ける方法はありますか？……74
発情期は1年に何回ありますか？　また、その期間は？……75
出産にあたって気をつけることは？……75
生まれたばかりの子イヌに注意することはありますか？……76

人工保育はどのようにするのですか？……77
出産すると乳ガンや子宮ガンになりにくいと聞きましたが、本当ですか？……78

## しつけについて

3歳のイヌを引き取りましたが、散歩を怖がり、影にも怯えます。この恐怖心を取り除けますか？……79
12歳のイヌがいますが、新たに子イヌを迎えたところ、すぐに子イヌにいどみかかっていきます。仲良くさせるには？……80
攻撃癖のあるイヌは、犬歯を削ったほうがいいのでしょうか？……80
家族がいるときはしませんが、誰もいなくなるとオシッコをします。どうしたらいいですか？……81
甘噛みをするのですが、やめさせる方法はありますか？……81
噛む癖を直す方法はありますか？……82
留守にすると、クッションやカーペットなどを噛んで食べているようです。どうしたらいいのですか？……82
外出時や車を降りるとき、異常に騒ぎます。どう対処したらいいですか？……83
人が来ると吠えるのですが、直せるのでしょうか？……84
人見知りが激しく、知らない人が来ると威嚇します。どうすればいいですか？……84
いつもトイレのシーツをビリビリに破いてしまうのですが、直す方法はありますか？……85
落ち着きがないイヌを直す方法はありますか？……85
散歩中、ゼイゼイいいながらリードを引っ張ります。引っ張りは直せますか？……86
イングリッシュ・セッターが、鳥を見つけるとすぐにセット（鳥の居所を知らせる）します。やめさせることはできますか？……87
イヌを褒める方法は？……87
糞を食べてしまうのですが、どうしたらやめさせられますか？……88
トイレのしつけはどのようにしたらいいのでしょうか？……88
道に落ちている物を何でも拾って食べようとします。どうしたら直せますか？……89
吠えないイヌを、吠えるようにするにはどのようにしたらいいでしょうか？……90
チャイムが鳴るとすぐに吠えるのですが、どのようにしたら直せますか？……90
夜になると、夜鳴きをします。直す方法はありますか？……91
すぐに人に飛びついて行きます。直す方法はありますか？……92
イヌのベッドに入ってしまうと、威嚇するのですが、どうしたらいいのでしょうか？……92
抱かれるのを嫌うチワワなのですが、嫌がられずに抱っこするには？……93

家族が食事すると、騒ぐのですが、静かにさせる方法はありますか？……93
散歩中に吠えたり、ネコを追いかけたりします。改善方法はありますか？……94
5歳になりますが、いまだウレションします。やめさせる方法ありますか？……95
マーキング行為をやめさせたいのですが、直していいものでしょうか？……95
オシッコしたあとトイレシーツで寝ます。直りますか？……96
小型の雑種で、小さい頃から凶暴です。最近は飼い主にも噛みつくのですが、改善できますか？……96
散歩のときに草を舐めたり、食べるのをやめさせる方法はありますか？……97

## 健康管理について

### 体調管理のために

イヌも熱中症になるのでしょうか？……98
イヌが熱中症になったとき、どのように対処したらいいのでしょうか？……98
夏期に部屋に入れたまま留守にし、帰ってみたら尿便を失禁しており、病院に行ったら熱中症として入院処置してもらいました。その様な時には病院に行くまで何か処置することはありますか？……99
イヌ小屋を涼しくする方法はありますか？……99
冷暖房を使えないときの対処方法は？……100
イヌに花粉症はありますか？……100
人間用の虫除けスプレーをイヌに使ってもいいのでしょうか？……100
自分の爪をかじっているのですが、何か問題はあるのでしょうか？……101
暇さえあれば耳の後ろや体中を噛みます。ストレスがあるのでしょうか？……101
歯に色がついてきたのは、なぜでしょうか？……102
イヌが下痢をしたときはどんな食事がいいですか？……102
食欲のないイヌには何を与えたらいいでしょうか？……103
梅雨のシーズンを快適に過ごさせる方法はありますか？……103
ペット用の循環式給水器の水ですが、夏場は何日くらいもつのでしょうか？……104
膀胱炎が癖になっています。予防法はありますか？……104
手や指の間を舐めるのですが、ストレスからでしょうか？……105
床ずれとなってしまったときの治療法はありますか？……106
病気予防、早期発見のために、何歳からどのような検査をすればいいでしょうか？……106
心臓の悪いイヌが、明け方に、首を突き出し大声で鳴くのですが、どんな理由があるのでしょうか？……107

食べ物で健康や寿命に差が出ますか？……108

## ダイエットについて

肥満犬に与える食事はどのようにしたらいいでしょうか？……108
おやつを与えながらの減量はできますか？……109
ダイエットはどのように行えばいいでしょうか？……109
太っているか痩せているかを判断する方法はありますか？……110
手作りダイエット食で注意することは？……110
牛肉が大好きです。一日何kgまで与えていいのでしょうか？……111

## 健康のために

温泉は効果があるのでしょうか？……112
イヌの血液バンクはありますか？……112
肛門腺が何回か破れてしまいましたが、絞っても出ないイヌはどうしたらいいですか？……113
グルーミングを毎日行っていますが、効能効果があまりよくわかりません。注意することはありますか？……113
薬を飲ませるときに、ほかのものと一緒に飲ませています。ほかにいい方法はありますか？……114
耳だれがありますが、医者に行くのを嫌がります。どうしたらいいですか？……115
ミニチュア・ダックス3匹が、それぞれ、門脈シャント、脊髄軟化症、自己免疫異常になりました。この犬種は病気に弱いのでしょうか？……115
血液検査は1年に1回受けていますが、尿、便も検査したほうがいいのでしょうか？……116
イヌにも人間と同じように「ツボ」はありますか？健康にいいツボは？……117
人間用の蚊取りマットを使っていますが、問題ありませんか？……117
長生きさせるコツはありますか？……117

## 病気・けがについて

寝る前に茶色の血尿が出ました。どうしたらいいでしょうか？……119
イヌの腎不全とは？……119
イヌの膀胱炎とは？……120
皮膚糸状菌症とは？……121
尿路結石症とは？……122
胃拡張・胃捻転症候群とは？……122
犬パルボウイルス感染症とは？……123
嘔吐の原因には何が考えられるでしょうか？……124
心臓の弁が切れたらどのようになるのでしょうか？また、その原因は？……124
腎臓が悪く補液していますが、回数が多いほうがいいのか、2カ月ほど入院して点滴するほうがストレスは少ないでしょうか？……125

イヌから人間（人間からイヌ）にうつる病気はありますか？…… 125
イヌやネコに人間の風邪はうつりますか？…… 126
レトリーバー系がかかりやすい病気には何がありますか？
また、その予防策は？…… 126
マダニの駆除方法は？…… 126
マダニが原因とされる、バベシア症とは…… 127
ノミの駆除方法は？…… 127
獣医師からアジソン病に気をつけるように言われました。
予防策はありますか？…… 127
いつも体がかゆいのか、舐めたり引っかいたりしています。
何かの病気でしょうか？…… 128
トリミングから戻ったら、左右の耳をかゆがります。
どうしたのでしょうか？…… 129
おでこに小さなおできみたいなものができています。
ニキビでしょうか？…… 129
イヌも口内炎になるのでしょうか？…… 129
時々脚を引きずって歩くのですが、このようなときに、
散歩させていいものでしょうか？…… 130
50センチくらいの高さから落ちて以来、前脚を引きずって
歩いています。医者に行ったほうがいいのでしょうか？…… 130
クッシング症候群とは？…… 130
椎間板ヘルニアとは？…… 131
椎間板ヘルニアになり、運動制限をされています。
ドッグカフェには行ってはいけないでしょうか？…… 132
獣医師から、ヘルニア気味なので、なるべく衝撃を与えない
ようにと言われました。静かにさせる方法は？…… 132
目が充血しているのですが、対処法はありますか？…… 132
目の周りがただれているのですが、どうしたのでしょうか？…… 133
黒目が緑色のビー玉のようになっています。
緑内障でしょうか？…… 133
黒目が白っぽくなってきました。白内障でしょうか？…… 134
イヌ・ネコの白内障の目薬はありますか？…… 134
日光に当ると鼻の部分がただれてしまいます。
どうしたらいいのでしょうか？…… 135
口の周りの毛色が変わってしまいました。
病気なのでしょうか？…… 135
涙が多く出るようになってきたのですが、病気ですか？…… 136
よだれが常に出ているのですが、病気なのでしょうか？…… 136
目をいつもしょぼしょぼさせています。
何が原因なのでしょうか？…… 136
口臭がきついのですが、対処法はありますか？…… 137
たまにむせたり、寝ているときはいびきをかきます。
どこか悪いのでしょうか？…… 137
くしゃみをよくするのですが、どうしたのでしょうか？…… 137

咳が出るようになったのですが、どうしたのでしょうか？……138
耳をかゆがり、においがします。どうしたらいいでしょうか？138
皮膚に寄生する寄生虫には何がありますか？……139
腸に寄生する寄生虫とは？……139
嘔吐物がとても臭いのですが、病気なのでしょうか？……140
昼寝のときにおねしょをします。病気でしょうか？……140
6歳で避妊手術をしたのですが、
食後、床や人の手足を舐めるのは病気のサインでしょうか？…141
チェサピークとラブラドールのミックスですが、いつも
目や口の周囲が赤く腫れ、指の間がじくじくしています。
検査の結果、アレルギーと言われましたが治りますか？……141
最近食べたものを未消化のまま吐き出すようになりました。
何が考えられますか？……142
最近お腹が大きくなってきて元気もありません。
病気でしょうか？……143
7歳の小型犬ですが、最近咳が出て、ゼーゼーという
呼吸音が聞こえ、時には苦しそうです。病気ですか？……143
まだ2歳半ですが元気、食欲がなく、散歩するとすぐに
ばててしまいます。口粘膜と舌は真っ白です。
特別な病気でしょうか？……144
散歩中にしんどそうになり休むことがあります。
検査したほうがいいですか？……144
オシッコをポタポタ垂らしながら歩くのですが、
対処方法はありますか？……145
散歩に行かないと我慢して排泄しません。
2日行かないと我慢していますが、病気になりますか？……145
ケンカでけがをして血が出たとき、自宅でできる対処法は？……146
病後ですが、イヌが望めば散歩に行ってもいいのでしょうか？146
包皮炎とは何ですか？……147
乳腺腫瘍とは何ですか？……147
子宮蓄膿症とは何ですか？……148
脂漏症とは何ですか？……149
股関節に起きる病気について教えて下さい。
また、かかりやすい犬種はありますか？……149
僧帽弁閉鎖不全症とは？……150
肛門嚢炎とは何ですか？……151
フィラリア症とは何ですか？……151
犬レプトスピラ感染症とは？……152
犬コロナウイルス感染症とは？……152
犬伝染性肝炎とは何ですか？……153
ケンネルコフ（伝染性気管支炎）とは？……153
犬ジステンパーとは何ですか？……154

歯が抜けてしまったのですが、なぜでしょうか？……………… 154
慢性的に下痢が続いていますが、その原因は何でしょうか？… 155
鼻の黒い部分がはがれてしまいました。
どのように対処したらいいでしょうか？……………………… 156
病院に行くと、ろくに検査もせず薬を処方されました。
改善しないので、セカンドオピニオンを考えていますが、
いいのでしょうか？…………………………………………… 156

## 食事について

授乳期から離乳期にかけての食事で、
気をつけることはありますか？……………………………… 157
幼犬の食事はどのようなものを与えたらいいでしょうか？…… 157
イヌが食べ物のにおいをかぐだけで食べません。
どうしたらいいですか？……………………………………… 158
イヌとネコを飼っていますが、ネコの食べ残しを
イヌが食べます。問題ないのでしょうか？………………… 158
イヌが病院からもらったネコの食べ残しを食べてしまいます。
問題ないでしょうか？………………………………………… 158
きちんと食事を与えていれば、おやつは必要ありませんか？… 159
イヌにキャットフードを与えてもいいでしょうか？………… 159
肉を茹でて食べさせていますが、大丈夫でしょうか。……… 160
ドッグフードとおやつしか与えていませんが大丈夫ですか？
おやつはあげていいのでしょうか？………………………… 160
生野菜を食べさせてもいいのでしょうか？………………… 161
ドッグフードをなかなか食べてくれません。
手作りにしようか悩んでいます。いい方法はありますか？…… 161
手作りごはんはドッグフードよりはいいのでしょうか？……… 162
飼いイヌ数頭に手作りのエサを与えています。
体重や体長によって食事内容も変わるでしょうが、
それぞれに合ったカロリー計算方法はありますか？………… 162
ドッグフードの保存方法は？………………………………… 163
ドッグフードはいろいろありますが、何を選んだらいいですか？ 164
ドッグフードだけで栄養に偏りはありませんか？…………… 165
缶詰とドライフードはどちらを与えればいいのでしょうか？… 165
人の食事をイヌに与えてもいいのでしょうか？…………… 166
成長に応じて、ドックフードを変えたほうがいいのでしょうか？ 166
幼犬～成犬になるまでの食べさせる量と内容は
具体的にはどうなっているのですか？……………………… 167
食事は一日何回与えればいいのでしょうか？……………… 169
牛乳は与えても大丈夫ですか………………………………… 169
牛乳を与えるとなぜ下痢をするのですか？………………… 170
ヨーグルトは食べさせても大丈夫ですか…………………… 170

ドッグフードをふやかして与えるのはどうなのでしょうか？…171
ドッグフードを変えたいのですが、どのようなことに気をつければいいでしょうか？…171
水は好きなだけ飲ませても大丈夫ですか？…172
ミネラルウォーターは石ができると聞きましたが、本当ですか？…172
アルカリイオン水を飲ませても大丈夫でしょうか？…173
食事の量はどのようにして決めたらいいでしょうか？…173
フードの種類と便の量は関係ありますか？…174
食べ残したフードはそのままにしておいていいでしょうか？…174
肉しか食べてくれません。健康に問題はありますか？…175
野菜が好きなイヌですが、食べていい野菜、いけない野菜はありますか？…176
ドッグフード以外に茹でた野菜を少し食べさせていますが、問題ありますか？…176
キャベツが好きなようなのですが食べさせてもいいのでしょうか？…176
ドッグフード以外に与えたらいいものはありますか？…177
夏は食欲がなくなるので、手作りの食事を与えています。簡単で栄養がとれるレシピはありますか？…178
食事を与える時間は、朝と昼、夜、夜中ですが、問題はありますか？…178
果物が好きですが、あげてもいいでしょうか？…179
イヌのガムを与え過ぎるのは問題がありますか？…180
ペットフード以外で食べさせていいものは？…180
ペットフードは1日1回だけ与えています。少ないのでしょうか？…181
食事が不規則なのですが、大丈夫でしょうか？…181
何でもよく食べるので、少々肥満気味です。成人病を防ぐために気をつけることは？…181
歯の治療で全部抜歯したのですが、どのような食事を与えたらいいですか？…182
ペットフードだけでは食べないので、ジャーキーなどを混ぜていますが、毎日続けても大丈夫ですか？…182
体重が重いので、食事を少なめにしていますが、体力的に問題ないか心配です。どうしたらいいですか？…183
イヌの食事に塩味は必要ですか？…183
カルシウム剤（サプリメント）を与えても大丈夫ですか？…184
偏食が多いのですが、対処方法はありますか。…184
防腐剤にアレルギーがあると診断され、療法食をすすめられました。自分で対処することはできますか？…185
アリを生きたまま食べてしまっても大丈夫ですか？…185
イヌはレモンを食べても大丈夫ですか？…186

イヌが毛虫を食べたときの対処法は？……187
イヌが留守の間にチョコレートを全部食べてしまいました。大丈夫でしょうか？……187
タマネギはなぜ与えてはいけないのですか？……188
鶏の骨はなぜ与えてはいけないのですか？……188
イヌに与えていい魚の骨はどの程度でしょうか。また、その種類は？……189
カレーを食べても大丈夫でしょうか？……189
イヌに与えてはいけないものは？……190

## 高齢ペットについて

高齢犬というのは、何歳くらいからをいうのですか？……191
16歳の高齢犬ですが、日常生活で気をつけることはありますか？……191
少しでも長く動けるように食事、運動のほか、気をつけることはありますか？……192
高齢犬のマッサージ方法はありますか？……192
被毛と毛色は加齢とともに変化がでてくるのでしょうか？……193
老犬がいなくなって1週間経ちますが、捜す方法はありますか？……193
高齢のイヌが、食事中にひっくり返ってしまいます。対処法はありますか？……194
10歳のイヌにこの年齢でワクチンを受ける必要はあるのでしょうか？……194
高齢のイヌがかかりやすい病気とは？……195
近頃、高齢犬が多飲多尿です。食欲はありますので様子観察でよいのでしょうか？……196
15歳の高齢犬の散歩時間が短くなりました。筋力アップのためにも、無理矢理歩かせたほうがいいですか？……196
高齢犬で外出は好きなのですが、負担をかけずに散歩する方法はありますか？……197
小型の老犬ですが、朝晩の散歩時間はどのくらいがいいのでしょうか？……197
老犬の散歩を2回から1回にしてもいいのでしょうか？……198
老犬ですが、足腰が弱って散歩に行きたがりません。無理に行かせることはないですか？……198
老犬になり、夜間だけおむつをしています。四六時中おむつをしていても大丈夫ですか？……198
老犬の食事は、1日何回でいいのでしょうか？……199
高齢になると体温調整が難しくなると聞きました。夏、冬に気をつけなければいけないことはありますか？……199
高齢で足腰が弱ってきています。フローリングの滑りやすい床での生活が心配です。改善方法は？……200
高齢になり、鳴いたり徘徊があります。どのように対処したらいいでしょうか？……201

高齢になって運動不足が気になります。肥満防止には何を食べさせたらいいですか？……201
10歳以上の高齢犬が肥満の場合、エサは高齢犬用と肥満予防用と、どちらがいいのでしょうか？……202
老犬でイボがたくさんできています。食事の影響でしょうか？……202
高齢犬の介護方法や生活面で注意することは？……203
老犬となり夜鳴きがひどいのですが、認知症なのでしょうか？……203
日本犬は認知症になりやすいと聞きましたが、なぜなのでしょうか？……204
高齢になって、視力が落ち、耳も聞こえなくなって壁にぶつかったりします。いい防護方法はありますか？……204
石が溜まりやすく、病院からすすめられた食事にしていましたが、数年後また石が溜まり、食事を変えるという繰り返しです。同じ食事を続けるにはどうしたらいいですか……205
高齢で寝たきりになってしまいました。穏和な性格でしたが、怒りっぽくなり、体を触られるのを嫌がり、排泄処理のときに噛むこともあります。どうすればいいですか？……206
高齢犬になると歯石も溜まってきます。心臓が悪いと取ってもらえないので、薬を塗るしかないようですが、いい方法は？……206

### その他

イヌが死んだときに必要な手続きは？……208

## ネコ

### 飼い方について

#### 飼い始める前に

多頭飼育のメリット、デメリットは？……210
イヌやハムスターと一緒に飼うことはできますか？……210
イヌやハムスターなど様々な動物を一緒に飼う場合、それぞれどんな性格がいいのでしょうか？……211
もう1匹ネコを飼おうと思いますが、どのような種類でも構いませんか？……212
多頭飼いの注意点とは？……213
8歳と4歳のオスネコが、よくケンカをします。仲良くさせるには？……214
イヌっぽい性格のネコはいますか？……214
ネコを飼う前に準備しておくものは？……215

#### 基本的な知識

ネコの飼い方の基本とは？……215
ワクチン接種によりどのような病気の予防ができますか？……217
子ネコを遊ばせてやりたいのですが、どのようにしたらいいですか？……217

子ネコの歯は生え替わるのですか？…… 218
オシッコのあとの爪研ぎはなぜするのですか？…… 219
明け方になると元気マックスになります。なぜでしょうか？… 219
外で獲物を捕まえてきても、食べないで遊んでいますが、
お腹が空いていないからですか？…… 220
ネコは水をかけられるのを嫌がりますが、なぜですか？…… 220
ネコが寝ているときに体をピクピクさせるのは
夢を見ているのでしょうか？…… 221
ネコが安心して寝られる場所はどのようなところですか？…… 222
仰向けにお腹を出して寝るのはなぜですか？…… 222
起きたとき必ず大きなあくびをしますが、なぜなのでしょう？ 223
ネコが顔を洗うと雨が降るというのは本当ですか？…… 223
自分のおっぱいを吸うことがありますがなぜですか？…… 224
エサを埋める仕草をするのはなぜですか？…… 224
口にエサをくわえて別の場所に行くのはなぜですか？…… 225
遠くに行ったネコが何日もかけて戻ってくるのは、
なぜですか？…… 226
ネコが死ぬときに姿を消すのはなぜでしょうか？…… 226
ネコは自分の子供を殺すと聞きましたが、
本当にあるのですか？…… 227
ネコの嗅覚は敏感ですか？…… 227
ネコの目の瞳孔が大きくなるのはなぜ？…… 228
ネコの目は光るのはなぜ？…… 228
ネコは色を識別できるのですか？…… 228
ネコの聴覚はどのくらい？…… 229
女性の声に反応するようですが、なぜですか？…… 229
ヒゲには役割があるのでしょうか？…… 230
尻尾で感情を表現するのですか？…… 230
鳴き声にはどのような意味があるのでしょうか？…… 231
ネコは表情や仕草で喜怒哀楽を表現しているのでしょうか？… 232
鏡に映った自分を認識できるのでしょうか？…… 232
人間の年齢の換算方法は？…… 233
自分の縄張りにどのような目印をつけるのですか？…… 234
ネコにもボスはいるのですか？…… 234
ネコ同士のケンカの始まりと勝ち負けは
どのようにして決まりますか？…… 235
ネコのルーツはどこにありますか？…… 235
日本のネコはどこからきたのですか？…… 236
ネコの純血種はいつから作られたのですか？…… 236
長毛種、短毛種の性格特徴は？…… 236
三毛猫にオスがいないのはなぜですか？…… 237

なぜネコの爪は鋭いのですか？……238
ネコはなぜ袋に顔を突っ込むのが好きなのでしょうか？……238
背中から落としてもちゃんと着地しますが、
どうしてできるのでしょうか？……238
なぜ足音を立てないで歩けるのでしょうか？……239
毛繕いをするのはなぜでしょうか？……239
オシッコやウンコをしたあとに砂をかけるのはなぜですか？……240
ネコを楽しく遊ばせるには
どのようにしたらいいのでしょうか？……240


## 飼い始めてから

外出するネコは、病気やけがが心配です。
どのようにしたらいいでしょうか。……241
1匹と2匹以上飼うのは、どちらがいいのでしょうか？……241
長期間家を留守にするとき、
一緒に連れて行くほうがいいのでしょうか？……242
種類による病気には違いがありますか？……242
3歳のネコが、新幹線で帰省するたび、下痢や嘔吐など
体調を崩します。体調を崩さない移動方法はありますか？……243


## お手入れについて

体を舐めてきれいにしていると聞きましたが、
シャンプーしてもいいですか？……244
初めて毛足の長いネコを飼ったのですが、
ブラッシングをしないと毛玉がたまるのでしょうか？……244
耳の中が汚れているのですが、
きれいにするにはどうしたらいいですか？……245
シャンプーはどのくらいの頻度でしたらいいですか？……246
爪切りは必要ですか？……246
歯を磨くときに歯茎から血が出ます。強く磨きすぎですか？……247
ブラシを見ると凶暴になります。いい方法はありますか？……247
迷子になったらどのように捜したらいいのでしょうか？……248


## 繁殖について

去勢手術はしたほうがいいのでしょうか？……249
去勢手術をしても外に出たがります。
好きにさせておいていいのでしょうか？……249
ネコの繁殖期は？……250
何歳くらいまで繁殖能力がありますか？……250
求愛の仕方とは？……251
出産準備はどのようにしたらいいでしょうか？……251
生まれたばかりの子ネコに注意することはありますか？……252
子ネコたちはケンカせずに
母ネコのおっぱいを吸えるでしょうか？……252

母ネコはどのようにして幼いネコを守るのでしょうか？……… 253
母ネコは子ネコのウンチを食べますが、なぜですか？……… 253
ネコの子育ては、夫婦共同ですか？……… 254
母ネコはどのようにして狩りを教えるのですか？……… 254
飼い主の私が出産したら、ネコの様子が少し変わりました。どうしてですか？……… 255


## しつけについて


ネコもイヌのように、「おすわり」「おいで」ができますか？……… 256
お客様の荷物や衣服にオシッコをかけることがあります。やめさせる方法はありますか？……… 256
痛いほど噛みつきます。やめさせる方法はありますか？……… 257
トイレのしつけはどのように教えたらいいのでしょうか？……… 257
ネコ用のオシッコの砂は経済性、利便性、安全性、衛生面からどれを選んだらいいですか？……… 258
よく鳴きながらついてくるのはなぜ？……… 259
ネコを6匹飼っていて、トイレを8カ所用意していますが、何匹かはトイレ以外でやってしまいます。直す方法は？……… 259
複数のネコを飼っています。爪研ぎさせる適切な場所はどこが良いですか？……… 260
家具に爪を立てるのをやめさせる方法はありますか？……… 260


## 健康管理について


車に乗せると口から泡をふくのですが、大丈夫なのでしょうか？……… 261
病気を早期発見する方法はありますか。また、病気のサインのようなものはありますか？……… 261
体重・体温・脈はどのようにして調べるのですか？……… 262
フローリングの部屋で飼っていますが、注意することはありますか？……… 263
兄弟ネコのノミ取り予防をしたいのですが、お互いに舐めあっているので心配です。いい方法はありますか？……… 263
歯茎が腫れて口臭がひどいのですが、どうしたらいいのでしょうか？……… 264
あくびの回数が多いのですが、何か問題はあるのでしょうか？……… 264
獣医師さんに診てもらうときに、どのような点に注意したらいいのでしょうか？……… 265
ネコの場合、外に出さなければ予防注射は必要ないと言われましたが、本当ですか？……… 265
歯の噛み合わせや歯並びが悪いのは遺伝ですか？治すことはできるのでしょうか？……… 266
ダイエットはどのように行えばいいでしょうか？……… 266
10kgのネコがいるのですが、ダイエットさせる方法はありますか？……… 267

太っているか痩せているかを判断する方法はありますか？……267
食べ物で健康や寿命に差が出るものでしょうか？……268
長生きさせるコツは？……268


## 病気・けがについて

オスネコが外に出てネコ同士ケンカし、外傷を負って帰ってきました。病気感染の心配はありますか？……269
オスネコがトイレに行っても尿が出ていないようです。何かの病気でしょうか？……270
頻回にトイレに入るのですが排尿、排便は見られません。何か病気でしょうか？……271
すぐに疲れてしまうのですが、どこか悪いのでしょうか？……272
人間用の蚊取りマットを使っていますが、問題ありませんか？……272
突然、死んだようになることがあるのですが、大丈夫なのでしょうか？……273
けがはしていませんが、肉球が腫れて足を引きずって歩きます。どうしたのでしょうか？……273
食欲が全くありません。口の中が赤くなっています。何が考えられますか？……274
徐々に体重が減っているのに腹部が大きくなり、下痢気味で元気もありません。何が考えられますか？……275
目を閉じて涙が多くなり痛がっています。まぶたを開いてみますと、目の真ん中あたりが白くなっています。対処法は？……275
少し前より鼻口が汚くなり、徐々に食欲も低下してきました。どうしたら良いのでしょうか？……276
幼猫ですが、いつも下痢気味です。時には水様性になり血便をします。どうしたら良いでしょうか？……276


## 食事について

時々草を食べることがありますが、野菜が不足しているのでしょうか？……277
野菜の給与は必要ですか？……278
食べ物に好き嫌いがありますが、ネコは味に敏感なのでしょうか？……278
用意した水を飲まずに、わざわざ別の場所にある水を飲みに行きます。何が問題なのでしょうか？……279
人間と同じものを食べさせてもいいのでしょうか？……279
アワビを食べると耳が落ちると聞きましたが、本当ですか？……280
エサを容器に入れっぱなしにしてあるのですが、決められた時間にあげたほうがいいですか？……281
ヨーグルトを与えてもいいのでしょうか？……281

放し飼いにするのと、1匹だけ箱に入れて飼うのと
どちらがいいのでしょうか？…… 296
小屋の消毒の方法は？…… 296
ブラシはかけたほうがいいのでしょうか。
また、ブラッシングを上手にする方法はありますか？…… 296
爪や歯は切ったほうがいいのでしょうか？…… 297

## 繁殖について

去勢手術は必要なのでしょうか？…… 298
ウサギの妊娠・出産とは？…… 298
ウサギの育児放棄はどのようにしたらいいでしょうか？…… 299
子ウサギの人工保育はどのように行うのですか？…… 299
ウサギは何歳くらいから子供を作れるようになりますか？…… 300
発情するとどのようになりますか？…… 300

## しつけについて

トイレのしつけはどのように教えたらいいのでしょうか？…… 301

## 健康管理について

下痢便というのは
どのくらいの状態のことをいうのでしょうか？…… 302
肥満ウサギに与える食事はどのようにしたらいいでしょうか？…… 302
ウサギが健康かどうかは、どこを見て判断するのでしょうか？…… 303
長生きさせるコツはありますか？…… 303
ダイエットはどのように行えばいいでしょうか？…… 303
太っているか痩せているかを判断する方法はありますか？…… 304
ウサギは寿命が短いといいますが、少しでも
長生きさせるにはどうしたらいいですか？…… 305
食べ物で健康や寿命に差が出るものでしょうか？…… 305
バランスが悪くすぐにひっくり返るのですが、病気ですか？…… 306
コクシジウムが見つかったら
どのように対処すればいいのでしょうか？…… 306
人間用の蚊取りマットを使っていますが、問題ありませんか？ 307

## 病気・けがについて

体の後ろ半分が動かないようなのですが、
どのように対処したらいいでしょうか？…… 308

アレルギーを調べてもらうには
どこに行ったらいいでしょうか？…… 308
ウサギの熱中症はどんなときに起こりますか？…… 308
下痢、軟便が続き痩せていきます。
どうしたらいいのでしょうか？…… 309
首が傾いてきている気がします。病気でしょうか？…… 310
クシャミ、鼻水、前足の内側が汚れていて元気がありません。
どう対処したらいいですか？…… 310
耳がかゆくて足でかいて血が出ることがあります。
元気もありません。病気なのでしょうか？…… 311
よだれが出て、あごや足が脱毛してしまいました。
元通り毛は生えるのでしょうか？…… 311
エサを食べないで、よだれを垂らしています。
病気なのでしょうか？…… 312
足の裏の毛が抜けて赤くなっています。
どこか悪いのでしょうか？…… 312
オシッコが赤いのですが、病気でしょうか？…… 313
尿がいつもより濃く、頻尿となり血尿のときもあります。
どうしたらよいですか？…… 314

### 食事について

どのくらいのエサを与えればいいでしょうか？…… 315
「ペレットと野菜のバランス」という言葉を
よく聞くのですが、どういうことでしょうか？…… 315
糞を食べているようなのですが、エサが足りないのでしょうか？…… 316
ペットショップで食べていたペレットと同じものを
与えたほうがいいと聞きましたが本当ですか？…… 317
ペレット選びで気をつけることはありますか？…… 317
なぜ牧草を与えるのが大切なのですか？…… 318
与えてはいけない野菜の種類はありますか。また、その理由は？…… 318
食べてはいけない観葉植物と野草には
どのようなものがありますか？…… 319

## インコ

### 飼い方について

インコを飼うためにそろえておいたほうが
いいものはありますか？…… 322
どのような材質のケージがいいでしょうか？…… 322
おしゃべりを覚えやすいのはオス・メスどちらでしょうか？…… 323

飼い方の基本とは？……323
大きめのケージに複数のトリを飼うことができますか？……324
室内にあるもので、インコにとって危険物になるものはありますか？……324
卵を外しても、カゴの中で温め続けているのですが、大丈夫ですか？……325
お尻が大きく不格好になっているのですが、病気でしょうか？……326
インコ同士がケンカしてばかりいます。どうしたらいいでしょうか？……326
オスのインコがいないのに卵を産みますがなぜですか？……326
インコの爪は切ったほうがいいのでしょうか？……327


## しつけについて

セキセイインコはしつけることはできますか？……328
インコの噛み癖は直せますか？……328


## 健康管理について

寒いときの防寒対策はありますか？……329
日光浴をさせたほうがいいのでしょうか……329
肥満インコに与える食事はどのようにしたらいいでしょうか？……330
太っているか痩せているかを判断する方法はありますか？……330
ダイエットはどのように行えばいいでしょうか？……331
長生きさせるコツはありますか？……331
食べ物で健康や寿命に差が出るものでしょうか？……333


## 病気・けがについて

目の周りが赤くなっているのですが、病気なのでしょうか？……334
タケノコのような毛が生えてきて、地肌が見えます。どうしたのでしょうか？……334
排泄物が水分だけのときがあります。病気ではないですか？……335
上のくちばしが変色してきました。なぜなのでしょうか？……335


## 食事について

野菜やフルーツの残留農薬が心配ですが、健康に影響はありますか？……337
トリに与える食べ物は何がいいのでしょうか？……337
飲み水で注意することはありますか？……338
おやつはどのようなものを与えたらいいでしょうか？……339

カメの甲羅が割れてしまったのですが、どのように対処したらいいでしょうか？……353
カメの目が濁ってきました。どうしたらいいでしょうか？……354

## ハムスター

### 飼い方について

ハムスターを飼うためにそろえておいたほうがいいものはありますか？……356
同じケージで飼ってもいいですか？……356
同じケージで何匹まで飼えますか？……357
飼い方の基本とは？……357
手であげたエサを捨ててしまうのですが、なぜなのでしょうか？……358
触ろうとすると「ジージー」鳴きますが、なぜなのでしょうか？……358
散歩は必要ですか？……359
ハムスターは砂浴びをするのでしょうか？……359
夜遅くまで電気をつけていますが、ハムスターには影響はありませんか？……360
ハムスターとの外出、移動方法は？……360
ハムスターだけで留守番をさせておいて大丈夫でしょうか？……361
においがきついのですが、どのようにしたらいいでしょうか？……361

### しつけについて

いきなり噛むようになりました。どうしたのでしょうか？……362
脱走したのですが、帰ってくるのでしょうか？……362
ハムスターを慣れさせるにはどのようにしたらいいでしょうか？363
手の上に乗ってくれません。どうしたら乗るようになりますか？……363
トイレを決まったところでしてくれません。どのようにしたらいいでしょうか？……364
回し車をすぐに齧ってしまいます。直すことはできますか？……364
お風呂に入れてもいいのでしょうか？……365
ケージを齧るのですが、そのまま放っておいていいのでしょうか？……365
爪は切ったほうがいいのでしょうか？……366

## 健康管理について


ハムスターに日光浴は必要ですか？……367
人間用の蚊取りマットを使っていますが、問題ありませんか？……367
太り過ぎかどうかのチェック方法はありますか？……368
太りすぎのハムスターのダイエット方法はありますか？……368
長生きさせるコツはありますか？……368


## 病気・けがについて


しこりができたのですが、対処方法は？……370
食欲がないのですが、どのようにしたらいいのでしょうか？……370
ペレットを食べてくれません。病気でしょうか？……371
水を飲まないのですが、どのようにしたらいいでしょうか？……371
お腹が膨らんできたように見えます。便秘なのでしょうか？……372
ウンチがつながって出てくるのはどうしてですか？……372
オシッコした痕跡がないのですが、どうしたのでしょうか？……373
部分的に脱毛しています。対処法はありますか？……374
お水をよく飲むので、オシッコの回数が増えました。病気ではないでしょうか？……374


## 食事について


エサはヒマワリの種だけでいいのでしょうか？……375
食べさせていい植物はありますか？……375


## その他


ハムスターが亡くなったとき、自宅の庭に埋めてもいいのでしょうか？……376


# フェレット

## 飼い方について


飼い方の基本とは？……378
予防接種はしたほうがいいのでしょうか？……379
臭腺除去手術はしたほうがいいのでしょうか？……380
臭いのですが、臭腺が詰まっているのでしょうか？……380


## 繁殖について


去勢手術は必要なのでしょうか？……381

## 健康管理について


健康管理の方法は？……382
歯石がついているようですが、取る必要はありますか？……383
暑さでグッタリしているのですが、何かいい方法はありますか？……384
人間用の蚊取りマットを使っていますが、問題ありませんか？……384
長生きさせるコツはありますか？……384


## 病気・けがについて


胃液や胆汁のようなものを吐きます。また、吐きたいようでも吐かず、食欲もないです。どう対処したらいいですか？……386
異物を飲み込んだときの対処法は？……386
下痢や嘔吐、タバコを食べたりしたときはどうしたら良いでしょうか？……387
排尿が困難で血尿が出ます。どのように対処したらいいでしょうか？……387
肉球が腫れてきました。どのようにしたらいいでしょうか？……388
歯ぎしりをするようになりました。病気なのでしょうか？……388
ウンチが普通に出ないのですが、どうしたらいいでしょうか？……389
ウンチの形状がいつもと違うのですが、どうしたのでしょうか？……389
メスのフェレットですが、脱毛して局部が腫れています。どうしたのでしょうか？……389
メスの陰部が腫れてきました。対処法はありますか？……390
肛門が腫れているのですが、どうしたものでしょうか？……390
目がくすんでいますが、人間の目薬で治りますか？……391
歯が折れてしまいました。どうしたらいいでしょうか？……391
歯茎から出血しています。対処方法はありますか？……392
皮膚に張りがなくなったように感じます。対処方法は？……392
抜け毛があるのですが、どのように対処したらいいでしょうか？……392
尾の先端の毛が抜けてその部位が硬く光沢があります。徐々に大きくなってきていますが病気ですか？……393
皮膚に発疹や腫れものができたのですが、人間の塗り薬で治りますか？……394
耳にダニがついたのですが、除去方法はありますか？……394
ノミがついたのですが、除去方法を教えて下さい。また、このノミは人間に害はありますか？……395
クシャミ、鼻水、鼻づまりがありますが、対処方法はありますか？……396

聴覚障害があるようなのですが、どのように対処したらいいでしょうか？……396
歩き方がぎこちないような気がします。どこか悪いのでしょうか？……397
生後2年目くらいから食欲が急になくなり、下痢をし、痩せてきました。どう対処したらいいですか？……397

## その他

賃貸住宅なのですが動物を飼う場合家主や不動産会社の許可は必要でしょうか？……400
トリマーになりたいのですが、どのようにしたらいいのでしょうか？……400
獣医師になるにはどのような勉強をすればいいのでしょうか？ 400
動物の遺骨は家に置くことはできないのですか？……401
ペットを亡くすと、悲しみのあまり二度と飼いたくないという人がいます。もう一度飼いたいと、前向きになれる言葉はありますか？……401
ペットが死にました。悲しくて耐えられません。立ち直る方法はありますか？……402
ペットと一緒に入れるお墓はありますか？……402
避難所へはなぜペットを連れて行けないのでしょうか？……402
人間とペットに共通する病気はありますか？……403
食の安全性に関しての取り組みはあるのでしょうか？……404
獣医師さんは、診察に来る動物や飼い主のことを覚えているのでしょうか？……404

執筆者一覧……406

# DOG
イヌ

# 飼い方について

DOG

## 子イヌを飼う前に準備しておく用品は？

・**子イヌ用フード**　ペットショップやブリーダーで与えていたフードをしばらくは与えます。新しい家庭に慣れてきたら徐々に子イヌ用フードに変更します。

・**食器**　陶器製かステンレス製が良いです。大きくなってよくひっくり返すようなら、壊れないステンレス製がおすすめです。水飲み用食器も同様に用意します。

・**寝床**　プラスチック製や柔らかい素材でできたもの、形も大きさも様々なものがありますが、敷物の洗いやすいもの、手入れの簡単なもの、成犬になったときの大きさも考慮して決めましょう。

・**名札**　近年、マイクロチップの挿入が普及してきています。迷子になったりしたときには個体識別に役立ちます。動物病院に相談して下さい。また、それとは別に首輪に付ける名札もありますので、首輪やリード紐と同時に用意しておくと良いでしょう。

・**おもちゃ**　噛むおもちゃ、引っ張るおもちゃ、音の出るおもちゃなどがありますので、３種類程度用意しておけば良いと思います。

## 人に忠実な犬種は？

盲導犬に多いラブラドール・レトリーバーや、非常にフレンドリーなゴールデン・レトリーバー、ちょっと鳴き声はうるさいかもしれませんがビーグル、運動が大好きなボーダー・コリー、優しい性格のシェットランド・シープドッグ、警察犬などに使われるジャーマン・シェパードなどがあげられます。もちろん、ミニチュア・ダックスフンドやトイ・プードルなども人は大好きです。

ちょっと外れますが、飼い主にのみなつきやすいという犬種は日本犬に多いです。柴犬、秋田犬、紀州犬など、飼い主には忠実ですが、ほかの人にはなつきにくい性格を持っています。

忠実性というのは、犬種すなわち遺伝要因により確かに異なるのですが、もっとも影響を受けるのは、イヌと飼い主との関係すなわち環境要因が非常に大切です。イヌとのコミュニケーションを大事にして、イヌのリーダーとして尊敬されるような飼い主にならなければなりません。

## 毛の抜けにくい犬種はいますか？

トイ・プードル、シュナウザー、ヨークシャー・テリア、マルチーズ、シーズーなどの犬種は毛が抜けにくいです。毛の抜けやすい犬種としては短毛種ではパグ、ダックスフンド、ラブラドール・レトリーバー、ダルメシアンなどが、長毛種では柴犬、コリー、シェルティー、ゴールデン・レトリーバーなどがあげられます。

## 初めてのイヌでロットワイラーはやめた方がいいでしょうか？

ロットワイラーは、ジャーマン・シェパード、ドーベルマン・ピンシャー、とならび大型犬で警察犬、番犬、護衛犬として知られています。

初めてイヌを飼う場合は不適当と言われています。

飼うに当たりその犬種の特性と性質をよく理解しておく必要があります。一番大事なのが社会化です。他人に迷惑を掛けないよう育てなくてはなりません。また犬種の違いによって各種腫瘍、心疾患《しんしっかん》、ウイルス感染、神経脊髄疾患《しんけいせきずいしっかん》、関節疾患（股関節異形成、肘関節異形成）に罹患《りかん》しやすい品種もありますのでよく考慮しましょう。

ブリーダーや実際に飼育している方々からよく話を聞いて飼いやすい犬種を選んで下さい。

## 季節の変わり目に脱毛するのですが、病気でしょうか？

春と秋に大量に脱毛する、これは換毛期と呼ばれイヌの生理的現象なので病気ではありません。

これは日照時間と気温が関係しています。

換毛期は、すべてのイヌに起こる現象とはいえません。犬種や個体によって差がありますが、シベリアン・ハスキーや柴犬のように比較的寒冷地が原産の犬に顕著なようです。

春の換毛期後は夏毛と呼ばれ、細い少し細めの毛に生え変わり、秋の換毛期では冬毛と呼ばれ、ふわふわの柔らかい毛に生え変わります。

この現象は、室外犬に多く見られますが、近年イヌが小型化し室内飼育が多くなり、照明や冷暖房により日照時間や温度差がなくなってきたため、バイオリズムが乱れてしまい、年中換毛しない犬が増えています。

## イヌの換毛期は何月頃でしょうか?

換毛期がある犬種とない犬種があります。一般的に換毛期は1年のうち春と秋の2回ありますが、何月頃というのはその年の気候や地域によって違いが出るので一概には言えません。

換毛期には気温や日照時間が関連しています。春、日が長くなり、また、気温が上がってくると新しい毛が成長して古い毛をどんどん脱毛させていきます。春から夏にかけて生える毛は、密度が少ない少し粗めの毛（夏毛）です。

夏から秋にかけて日が短くなり気温が下がってくると、夏毛が抜けてその下からアンダーコートの発達したふわふわの冬毛が成長してきます。

最近の室内飼育下のイヌでは、照明や冷暖房機器のためサイクルが乱れている子もいます。

## 子イヌは何カ月から飼えますか？

動物愛護法により生後45日以内（今後段階的に延長され最終的には56日以内に）のイヌネコの繁殖業者からの引き渡しは禁止されています。したがって、ペットショップから購入する場合は、生後45日を経過したイヌネコになります。知り合いなどから譲り受ける場合は、この規制は及びませんが、最低でも離乳期（7～8週齢）が過ぎてからが良いでしょう。

## 子供がイヌアレルギーです。どう対処したらいいですか？

子供がイヌの何にアレルギー反応を起こしているか明確にする必要があると考えられます。一般的に多いとされるのが、イヌの毛やノミなどのアレルゲンに反応しているケースです。その場合は、適度なブラッシングとシャンプーで清潔にしてアレルゲンを落としてやることが必要です。ただし、お子さんのアレルギーが重度の場合には、医師の指導を受けることが必要です。

## 喘息を持っている子供がいますが、イヌは飼えますか？

子供が何のアレルギーを持っているかによって異なるので一概には言えません。ただ一般的にイヌの毛などにより喘息（アレルギー）が悪化する可能性は高いです。飼ってからアレルギーにより飼えなくなるという事態も起こり得ます。

## 子イヌを飼う場合、環境の変化による体調面で気をつけることは？

子イヌは体力もなく、免疫力も低いため環境の変化によるストレスなどですぐに体調を崩します。子イヌが環境に慣れ、ある程度体力がつくまでは十分な睡眠、食事を与え、過度なスキンシップは控えて下さい。咳、下痢、食欲不振などが見られたら早めに動物病院を受診して下さい。子イヌの場合は1日でも食事をとらないと低血糖などの命にかかわる状態になるので、特に食欲には注意が必要です。

## 子イヌを迎えたとき、すぐにリラックスさせるにはどうしたらいいですか？

まず、子イヌが安心していられる居場所（寝場所）を用意して下さい。マットや布団を敷いたケージがいいでしょう。部屋の温度にも注意が必要で、寒い暑いがないような快適な温度にして下さい。フードは、依然食べていたものと同じものを与えて下さい。1日量を3〜4回に分けて与えます。

そして一番大切なことは、子イヌを触りすぎないこと。子イヌは1日のほとんどを寝て過ごしますので、触りすぎると寝ることできず、ストレスになり体調を崩しやすくなります。子イヌを迎え体調を崩してしまうのは大体1週間以内ですので、この期間は特に注意をしてあげて下さい。

## 成犬から飼う場合、しつけはできるのでしょうか？

イヌの基本的な性格は生後2カ月から1年の間に形成されると言われています。しかし、イヌの性格は基本的なもの以外に、育て方や家族構成などの飼育環境にも影響を受けます。幼犬の頃にしつけをするほうが簡単ですが、成犬になってからでも根気強く、愛情を持って接すればしつけは可能です。

## 子供だけでイヌをペットショップで買えますか？

イヌを買う（＝飼う）ということはそのイヌについて終生（10年以上、長生きすれば20年くらい）、飼育の責任が発生します。一緒に遊んだり散歩するだけでなく、日々のえさ代、病気になったときのケアや病気にならないように予防的処置（ワクチネーション、不妊・去勢手術）を受けることも含まれるのです。従って金銭的にも飼い主には責任が生じます。これらの理由からでも子供だけで犬を買う（＝飼う）ことに無理があるのは分かって頂けると思います。

法律ではペットショップでの犬の販売は、特定商取引法が適用されていて、未成年者は保護者の同意がなければ買えないと規定されています。

## 引っ越しするときに気をつけることはありますか？

引っ越しでは、イヌにも相当なストレスが生じます。特に、移動中や引っ越しして新しい環境に慣れるまでの期間が重要だと思います。

引っ越しの移動手段としては飼い主同乗の上、慣れた車、慣れたケージでの移動が良いでしょう。また、引っ越し先の環境に慣れるまでは時間がかかりますので、その期間はなるべくイヌとの時間を割くなどイヌの不安感を取り除くことに注意しましょう。食欲や排泄などの体調の変化にも十分注意して観察してあげましょう。

すでに、ケージトレーニングができているイヌなら、移動も生活環境の変化にもある程度対応しやすくなります。イヌがリラックスできる場所としてのケージの活用を考えてみてはいかがでしょうか。

## 子供が小さいのですが、大型犬を飼う場合の注意点は？

大型犬に限らず、子供とイヌの相性はそのイヌの性格によるところが大きいです。イヌが温厚な性格であれば大きなトラブルは生じにくいと思います。ただ、若いイヌであればよく走りよく遊びます。子供同士の遊びでもけがをしますが、イヌを興奮させて遊んでいると、イヌに悪気があるわけではないのですが、子供を踏んだり、爪が当たったりして、子供がけがをするかもしれません。ハプニングが起こらないように、飼い主はよく見てあげて下さい。子供が大きくなれば、大型犬はよき遊び相手になります。ただ、子供嫌いなイヌもいますので、イヌのサイズにかかわらずイヌとの相性を観察する必要があります。小型犬に比べると、大型犬のほうが、飼い主が子供をかわいがっても、やきもちをやきにくいと思います。

## 去勢したオスイヌを飼っていますが、2頭目はオスとメスどちらがいいですか？

一般的に性別が異なる2頭のほうが仲良くできるといわれていますので、メスのほうがいいでしょう。ただ、2頭が仲良くなれるかは、先住犬の性格が大いに関係します。先住犬がほかのイヌにもフレンドリーであれば、2頭目を受けいれても問題なく仲良くできるでしょうが、先住犬が、ほかのイヌに攻撃的だったり、怯えたりする性格だと、2頭目は無理である可能性が高いです。また、2頭目は、先住犬とあまり体格の差がないほうがいいです。体格差がないと、じゃれたり、万が一ケンカになったりしても片方が重傷を負う危険性が下がるからです。もちろん先住犬は許容しても、2頭目のイヌの性格に難があれば仲良しになれません。仲の良い2頭になれば、イヌの情緒も安定し、イヌの幸福度が増します。そんな2頭と暮らせる飼い主ももちろん幸せになるでしょう。

## 初めてイヌを飼うのですが、できれば保護犬にしたいです。その方法は？

全国にはいろんな犬猫の譲渡団体がありますが、いいところもあれば、そうでないところもあります。動物愛護法で、これら団体も都道府県に届出をする必要がありますので、行政が動物愛護団体の実情をある程度把握していると思います。まずは最寄りの保健所などに尋ねられてはいかがでしょうか。保護施設内でイヌと会ってすぐに譲渡してもらうというのはなく、できれば一時預かりなど、トライアル飼養できるような施設がいいと思います。トライアル中に、イヌとの相性もよくわかりますので、イヌにも飼い主にもいいですよね。その後に、譲渡の手続きができれば、素敵なイヌに出会えるのではないかと思います。

## 保護犬を迎える場合の心構えとは？

保護犬は新しい家に来るまでの経過がわからなかったり、虐待を受けていたりなど様々なバックグラウンドを持っています。ペットショップから購入する一般的な子イヌとは違って、心に傷を負っていたりすることもあります。そのため、場合によっては非常に怯えやすい性格だったり、何かに反応して急に攻撃的になったり、逃げようとすることもあります。ですので、そういったことが起きる可能性もあると思って自宅に迎えてもらうと良いと思います。最初は大変かもしれませんが、温かく接してあげるうちに、イヌたちも心を開いてくれて、時間がかかるかもしれませんが、少しずつ犬たちも穏やかになってくることが多いです。

## イヌを怖がる小型犬を飼っていますが、もう一匹飼うことはできますか？

もう一匹飼うとストレスがかかり、調子を崩してしまう可能性はあると思います。しかし、イヌ同士の相性もありますので、合えば逆にイヌを怖がる性格が軽減されるかもしれません。いずれにせよ、もう一匹イヌを飼われる場合は、かかりつけの獣医師又はドッグトレーナーに相談されると良いと思います。

## オスのイヌを飼っています。新しく迎えるイヌは、メス・オスどちらがいいですか？

先住犬が不妊・去勢手術済みで、新しい子にも実施する予定であれば、個々の相性が最も重要であり、オス・メスにそれほどこだわる必要はありません。新しい子を迎える際はまずケージでの飼育から開始するといった対面期間を設けるほか、お互い安心できる（逃げ込むことができる）スペースを複数家の中に用意するなどの工夫が有効な場合があります。その他複数頭飼育にはたくさんの注意点がありますので、ドッグトレーナーや獣医師に相談してみることをおすすめします。

## イヌを飼っていますが、留守が多いので遊び相手にもう1頭飼ったほうが良いでしょうか？

留守が多く、イヌが1頭で過ごしている時間が長いというのは、イヌにとって非常に苦痛でしょう。1頭より2頭のほうがイヌの情緒が安定しますので、2頭で飼われることをおすすめします。ただ、2頭が仲良くなれるかは、先住犬の性格が大いに関係します。先住犬がほかの犬に尾を振って近づいていくような子であればあまり問題なく仲良くできるでしょうが、先住犬が、ほかのイヌに攻撃的になるとか、怯えてしまうという場合は2頭で飼うのは難しいでしょう。また、一般的に性別が異なる2頭のほうが仲良くできるといわれています。そして、あまり体格の差がないほうがいいです。子イヌの場合でも成犬になったときの体格を考えて下さい。なお、性別が異なるということは交配をするということになりますので、子供を望まない場合には、去勢・不妊手術をする必要があります。当たり前ですが、仲の悪い2頭を飼育した場合には、イヌも不幸ですし、飼い主も心配が絶えませんので、決しておすすめしません。

## イヌの飼い方の基本とは？

イヌは犬種によって性格や体格が全く違います。例えば、ボーダー・コリーは体も大きいですし、たくさんの運動が必要です。最近人気のチワワはとても小さいですし、シャイな子もいます。イヌを飼いたいと思っている方は、外見のかわいらしさだけではなく、性格や特徴、ご自身のライフスタイルも考えた上で選ぶ必要があります。寿命は15歳前後ですので、その間の予防や病気の治療費やフード代といった経済的な負担なども含めて一生涯飼う責任も必要です。

イヌを飼う上で、病気の予防はとても重要です。子イヌを家に迎えた場合、十分な免疫力がついていないことがほとんどですので、動物病院でワクチンを接種して下さい。ワクチンを接種することで、ワクチンで防げる死亡率の高い感染症に暴露されても感染しないで済んだり、感染したとしても軽症で済むようになります。また、蚊に刺されて感染する寄生虫のフィラリアの予防も大切です。外に散歩に行くイヌではノミ、マダニの予防も必要です。ノミは消化管内寄生虫を媒介しますし、マダニは重篤《じゅうとく》な貧血を引き起こすバベシア症を媒介したり、人で問題になっている日本紅斑熱やSFTS（重症熱性血小板減少症候群）を媒介します。

食事は健康な子であれば、年齢に合ったものを与えます。子イヌ用、成犬用、老犬用などがあります。病気の動物には、病気のために特別に作られた療法食を与えます。療法食は病気の治療の一環として使いますので、かかりつけの獣医師の指導のもと食べさせます。

排泄の場所、リードの引っ張りを防ぐ、人に飛び付かせない、甘咬みをさせない、などの基本的なしつけも必要です。怒ってしつけるのではなく、できたときに褒めてあげるようにします。

子イヌは、いろいろなものに興味を持ちます。他の人や動物、車や音などを学習する社会化の時期があります。ワクチン接種が終わった後は散歩などでいろいろなことを学習させてあげましょう。この時期にいろいろな経験をしていないと、知らない場所や動物を怖がるなどの問題行動につながる懸念があります。

## 年齢や体重で運動量は違いますか？

来たばかりの子イヌは、数日間はそっとして下さい。新しい飼い主のもとに来た子イヌが、喜んで遊び過ぎ、嘔吐、下痢、食欲不振になることはよくあることです。遊ぶ時間は徐々に延ばしていきます。成長期のイヌは、骨や関節が弱いので強い運動を避けて下さい。大型のイヌでは、1年以上かけて成長します。太ったイヌでは、関節、心臓などに負担がかかります。チワワなど超小型犬は、日常生活の動きであえて散歩しなくても良いかもしれません。一方、大型の成犬はしっかり運動して、ストレスを発散させるのが良いでしょう。老齢犬は運動量が減りますので、無理をしないで下さい。

## イヌの視力と聴力はどのくらいあるのですか？

イヌは暗い所では、人より良く見えます。網膜の視細胞には、明るい所で機能する錐状体《すいじょうたい》と暗い所で機能する杆状体《かんじょうたい》がありますが、杆状体の密度が高く、錐状体は密度が低くなっています。また、網膜直下には、タペタムという光を反射する組織があり、夜に目が光って見える理由です。反射光の再利用により視細胞の感度を増幅させます。イヌはほぼ正視と考えられていますが、水晶体の調節能力は人より弱く、特に近く（約70㎝以内）では焦点を合わせることができません。イヌは暗い所を歩くことができ、遠方の動くものを見ることはできますが、新聞を読むのは苦手と思われます。

色の識別も苦手で、赤―オレンジ―黄―緑は識別できません。青と緑色、その混合色を見ているようです。

また、イヌは人が聞くことのできない高音（高い周波数の音）を聞くことができます。人の耳は16～20000ヘルツ、イヌでは65～50000ヘルツくらいの音を聞くことができるようです。また、イヌは音の方向へ耳翼を動かして、耳に音を集めて聞くことができます。ただ、周波数の似ている音の識別は、人のほうがすぐれていて、言葉の複雑な音を聞き分ける能力と関係しているようです。

## イヌの嫌いな音はありますか？

人が不快になる硝子が擦れるような高音（高い周波数）や、雷や花火などの大きな音が嫌いなようです。これらには、感受性に差があるので反応は一定していません。子供の発する音は、比較的高音ですからイヌに噛まれることも多くなります。

## イヌの生理の周期と期間はありますか？

イヌには、人のような生理はありません。メスイヌの陰部からの出血は、排卵前の発情期にみられる現象で、この期間にオスと交配すると妊娠します。発情は年に2回程度で、出血は10日前後みられることが多いのですが、個体差があります。発情期以外の出血は病気かもしれません。

## つねに「ハアハア」とパンティングしているのは、なぜですか？

イヌの体は汗をかかないので、体温の冷却を呼吸で行います。暑いと口を開けてハアハア呼吸するようになります。ブルドッグは、原産国がイギリスで、イギリスは北海道よりも北に位置する国です。ブルドッグにとっては我が国は暑すぎるのでしょう。また、鼻の短い短頭種は、鼻の構造に無理があり、鼻呼吸が苦手なことも関係しています。

## イヌと人間の年齢の換算方法は？

イヌとネコ、または種類によって違いがありますが、標準年齢換算方法は以下の表のとおりです。

| イヌ | 人間 |
|---|---|
| 1ヶ月 | 1才 |
| 2ヶ月 | 3才 |
| 3ヶ月 | 5才 |
| 6ヶ月 | 9才 |
| 9ヶ月 | 13才 |
| 1年 | 17才 |
| 1年半 | 20才 |
| 2年 | 23才 |
| 3年 | 28才 |
| 4年 | 32才 |
| 5年 | 36才 |
| 6年 | 40才 |
| 7年 | 44才 |
| 8年 | 48才 |
| 9年 | 52才 |
| 11年 | 60才 |
| 12年 | 64才 |
| 13年 | 68才 |
| 14年 | 72才 |
| 15年 | 76才 |
| 16年 | 80才 |
| 17年 | 84才 |
| 18年 | 88才 |
| 19年 | 92才 |
| 20年 | 96才 |

## イヌの平均寿命は？

イヌの平均寿命は犬種によって差があります。

近年は獣医療の普及、進歩、飼育環境の向上、予防接種やフィラリア予防などの普及、フードの普及による栄養状態の安定などによってイヌの平均寿命は延びてきています。

最近では小型、中型犬で12～15歳、大型犬で10歳前後といわれています。

# イヌの感情表現は尻尾や耳から理解すると聞きましたが、具体的には？

イヌの尻尾は、コミュニケーションのための大切なツールです。ご機嫌なときにに尻尾を激しく振ることは、よく知られています。ただ、尻尾を振っているからといって、いつも機嫌が良いわけではありません。尻尾を振っていたのに咬まれたなんてこともあります。不安なときや緊張しているときも尻尾を振るからです。尻尾の毛が逆立ち、さらに、高い位置でゆっくり振っているような場合は、攻撃的な気分ですから、注意が必要です。

また、「尻尾を巻いて逃げる」と表現されるように、驚いたときや怖いと感じたときは、尻尾は丸まり、あるいは垂れ下がってしまいます。尻尾を丸めたり尻尾を下げたりするのは、肛門付近のにおいを隠すためだと言われます。自信のあるときは自らのにおいを「さぁ、どうだ！」と示すことができますが、怖くて自信のないときは自らをにおいごと消し去りたいような気分なのかもしれません。ところで、ときおり、自分の尻尾を追いかけてグルグル回る犬がいます。ふと自分の尻尾が目に入り、くわえようとすれば尻尾も動くのでずっと、その行動を繰り返します。退屈なときに見られる行動ですから、あまりに頻繁であれば、運動や散歩を促しましょう。また、そういうときは、尻尾そのものの皮膚や機能に異常がないかチェックして下さい。

・**尻尾を小刻みに速く振る**　ウキウキ、ご機嫌！

＊体ごと揺れるときは喜びが最大

・**小幅で少しだけ尻尾を振る**　相手に「こんにちは」の挨拶

・**腰を低くして尻尾を大きく振る**　相手に敬愛の情を示す

・**少し下げて緩やかに左右に揺らす**　リラックス

・**水平にした尻尾をゆっくり振る**　ちょっぴり不安

・**尻尾が完全に垂れている**　とても不安

**・尻尾を足の間に巻き込んでいる**　とても怖い！降参！

犬にとって耳はレーダーです。耳から得た情報がそのまま耳の動きに表れます。

**・耳をピンと立てる**　驚いたり興味を抱いたとき

＊音を聞き漏らすまいとする表れ。

**・耳をピッタリと後ろに寝かせる**　恐怖心や服従心の表れ　＊歯をむき出して鼻の上にしわを寄せたりするときは恐怖感のあまり攻撃することも。

**・耳を前、後ろに出したり引いたりする**　どうしようか思案する気持ち

尻尾の動きにも耳の動きにも、イヌの感情を読み取るヒントはありますが、いずれも単一で判断せずに、複合的に感情を汲み取って下さい。

## イヌの鳴き声にはどんな意味があるのでしょうか？

イヌの鳴き声は、基本的には高い声は友好的、低い声のときは警戒心の表れや不機嫌な気持ちの表れと言われています。けれども、犬種や、体格によっても微妙に異なります。

わかりやすい鳴き声は、「キュンキュン」「キューン」といった甘え声です。「ウーッ」と低く唸るのは、「構うな！　咬むぞ」といった攻撃的な気分のときです。ただ、これも、おもちゃなどで遊んでいるときに、興奮を抑えきれなくて唸ってしまうイヌもいます。

「ワン」と一声鳴くときは「誰か来た！」ということもあれば「何？」ということもあります。警

報の意味です。同じ「ワン」でも低くあるいは、数回続けて鳴くときは、嫌だ！　と抗議しています。ですから、おおまかに鳴き声の特徴を覚えておくことは意味があると思いますが、鳴き声には個体差があることも知って下さい。また、そのときの犬の置かれた状況などから判断しましょう。

＊いつもと変わった鳴き方をするときは、不安を感じているのかもしれませんし、あるいは、体の調子が悪いのかもしれません。やさしく声をかけたり、どこか具合が悪いかチェックするようにしましょう。

## イヌの耳や口を触ると嫌がるのですが、なぜですか？

イヌにとって、耳や口は急所の一つになるので嫌がって当然です。しかし、健康診断やいざ病気になり病院で受診するときのためにも、小さな頃から体のあちこちを触ることを心がけて、触られることに慣らしておくことが大切です。万病のもととなる歯石を予防するためにも、小さな頃から、口を触って歯磨きの習慣もつけておきましょう。

## イヌが地面に仰向けになって背中をこすりつけますが、どのような意味があるのでしょうか?

イヌは気持ちのいいとき、リラックスしていて満足したとき、とても嬉しいときに仰向けになって背中をこすりつけますが、においづけの意味もあります。

ミミズの死骸などはイヌの大好きなにおいなので、イヌにとっては最高の香水のようなものです。また、散歩中にほかのイヌのウンチに背中をこすりつけるときは、ほかのイヌのウンチで自分のにおいを消すために行います。

## ワクチンの接種はいつ頃までにすれば良いのでしょうか?

子イヌは、母親から感染症に対する免疫をもらいますが、生後徐々に減少し、早い子イヌでは約8週齢頃には免疫力は不完全となります。感染症に対する免疫を高めるためには、早期のワクチン接種が望ましいのですが、母親由来の免疫が子イヌの体に残っている場合、ワクチンの効果が十分に得られません。そのため初回のワクチン接種は、8週齢頃に行うことが理想的です。また、母親由来の免疫がなくなる時期には個体差があり、遅い子イヌでは生後120日齢頃といわれていますので、確実に免疫をつけるためにはワクチン接種は、120日齢を超えるまで複数回投与する必要があります。

# イヌの届け出と必要なワクチンの種類は？

生後91日以上のイヌを飼育する場合、法律によって役所（市町村窓口）や保健所へのイヌの届け出と年1回の狂犬病予防接種が義務づけられています。そのため、狂犬病予防接種を受けたら接種証明書を持って役所（市区町村窓口）や保健所で登録して下さい。管轄の地域で、役所から委託された動物病院であれば、そこで登録してもらえますので受診された際にご確認下さい。

法律的に必要なワクチンは、上記の狂犬病ワクチンだけですが、このほかに犬パルボウイルス、犬ジステンパーウイルス、犬アデノウイルス、犬パラインフルエンザウイルス、犬コロナウイルス、レプトスピラによる感染症を予防するために、これらを組み合わせた混合ワクチン接種が推奨されます。メーカーにより異なりますが、5種、8種、10種、11種などの種類があります。

## 毎年、ワクチン接種をしなくてはいけないのでしょうか？

狂犬病ワクチンは、毎年1回接種することが法律で義務づけられています。

混合ワクチンの投与間隔に関しては諸説ありますが、日本のワクチンメーカーは初年度のみ複数回の接種が必要で、その翌年から毎年1回の投与を推奨しており、また多くのペットホテルや美容院がイヌを預かる際に1年以内の予防接種を条件にしていることからも毎年の接種が推奨されます。

## 散歩で、糞を持ち帰ったあとの処分方法は？

一般的には自宅のトイレに流すか、家庭ごみとして処理します。しかし、トイレに流してよいかどうか、家庭ごみとして処理する場合にはどのように分別するかは自治体により異なるため、一度確認することをおすすめします。また、家庭ごみとして処理する場合には、袋や紙で包み、中身が見えないようにする等の配慮も必要です。

## ペットショップで売れなかった動物はどのようになるのでしょうか？

最も人気があるのは子イヌの時期ですが、その後、大きくなるにつれて売れにくくなります。そのようなときは値段を下げると、多くの場合は売れるようです。それでも残った場合には、ペットショップの店員が引き取ることもあるようですが、最終的にはペットショップで責任を持って飼育することになります。平成24年9月に改正された「動物の愛護及び管理に関する法律」（動物愛護管理法、動愛法）で、イヌネコ等販売業者には「販売が困難となったイヌネコの終生飼養の確保」が義務づけられましたので、売れ残ったという理由で動物を殺処分することはできません。ですが、売れ残った動物を安価で引き取って劣悪な環境で飼育する業者の存在も報道されています。

## 7カ月の子イヌを飼っていますが、小3の息子にだけ噛みつきます。なぜですか？

イヌは本来、上下関係のある群れ社会を形成する動物であり、社会化期（〜12週齢まで）を過ぎたイヌは飼い主の意向とは無関係に上下関係を形成します。従って今回の場合、イヌが息子さんを下位と認識していると考えられます。

## 子供がイヌに口移しで食べ物をあげていますが、病気など問題ありますか？

お子さんからイヌへの感染症などの問題は考えにくいですが、イヌの口と近く接触する上において、不意に咬まれるような事故の可能性も否定できません。また、イヌに歯周病などの口腔内衛生の問題がありますので、衛生上でも口移しという行為はあまりおすすめできません。近年、カプトサイトファーガ感染症という動物由来感染症によって、まれではありますが人間の重症例の報告がありますが、イヌがこの原因菌を保有している割合が少なからずあることがわかっています。

## 子供が生まれるのですが、イヌとうまくやっていく方法はありますか？

生まれてくる子供は、イヌにとって得体の知れないものなので、成長する過程において意外と服従するものです。イヌにとってのリーダーである母親が子供を大事にしていることでイヌは悟ります。

## イヌの肛門絞りってどういうことですか？

イヌの肛門を時計に見立てると、「4時」と「8時」の位置に肛門腺という臭いを放つ分泌液を貯留している袋状の器官があります。正常であれば、絞らなくても排便に伴い自然に排出されるのですが、排出が悪い場合には絞り出してやる必要があります。液を絞らず貯ったままだと、化膿や炎症（肛門嚢炎）を生じ、膿瘍を形成し破裂することがあります。そのために定期的に貯留しているものを排出してあげることが必要なのです。

## 肛門腺を絞るのは、慣れていなくてもできますか？ 頻度はどのくらいですか？

肛門腺の絞り方には要領があります。また、指で触って左右の肛門腺がわからなければ絞りようがありません。肛門の両側を触って、肛門腺の位置と大きさを確かめましょう。最初は獣医師や看護師、トリマーさんなどに絞り方を習って練習することをおすすめします。絞る頻度に決まりはありません。シャンプーのとき、洗う前に絞ると臭いがとれて好都合です。シャンプーしない場合は、1～2カ月に1回程度絞ると良いでしょう。

## 散歩を嫌がりますが、行かなくてもいいのですか？

室内だけで過ごすことになると、日本では清潔を保つように畳かフローリングの上で生活するため、イヌにとっては滑りやすい状況です。そのため筋力がつかなく姿勢が悪くなり過度に関節に負担がかかり、中年齢以降に様々な症状がみられるようになります。外出して散歩を正しくすることによってそれらの予防を心がける必要があります。そのためには、散歩を嫌がる最初は、散歩に出るときにごほうびをやり、徐々に慣れさせていくと良いと思います。

## 散歩は一日にどのくらい行けばいいのでしょうか？

時期やイヌの大きさにもよりますが、心身に負担がないことが肝要です。正しい姿勢で行うことができなければ長距離や長時間散歩することが必ずしも正しいとも限りません。

## 正しい散歩のさせ方は？

飼い主が主導権を持ち、それにイヌを従わせる必要があります。イヌが飼い主より先に進むことはさせず、絶えず飼い主を気にするように仕向けます。イヌが先に動いたら飼い主が立ち止り、それでも進んだらリードで引っ張り知らせます。そして、飼い主が歩いたらそれについてくるようにイヌをなびかせます。また、リードは短く持って並走する形で散歩します。

## 真夏にイヌの散歩をさせて大丈夫ですか？

真夏の散歩で最も注意したいのは熱中症・熱射病ですね。もし真夏に散歩をさせるなら、時間帯に注意しましょう。昼の時間帯は避けましょう。特に、短頭種犬や高齢犬、肥満犬、あるいは心臓病のあるイヌは注意が必要です。また、夕方でも、アスファルトやコンクリートは熱くなっています。足のパッドが炎症を起こすことがありますので十分注意しましょう。

## イヌの快適な温度は何度くらいですか？

イヌは人と違い、汗腺がないため熱を発散するのが上手ではありません。体温下降を呼吸数で調節することで呼吸器や循環器系に負荷がかかるため、基本的に暑い時期は苦手です。人が快適と思われる気温よりやや低めが良いとされています。

## 室内犬は散歩させなくてもいいのでしょうか?

室内犬として飼育されるイヌは、小型犬をイメージします。小型犬であれば、室内での運動で十分かもしれません。犬種により必要運動量は異なりますが、ある程度の運動は必要でしょう。中型犬であれば積極的に散歩をなさることを推奨します。散歩は運動だけでなく、陽を浴びること、そして気分転換にも役立ちます。また、ほかのイヌと出合うことでイヌ同士のコミュニケーションや飼い主の皆さんの社会的交わりを促進する効果も期待できます。運動不足は肥満の引き金となるほか、消化管運動の低下を招きますので、適度の運動は動物の健康を守る上でも役立ちます。散歩に出す場合は、病気を防ぐためにもあらかじめ混合ワクチンによる予防接種やノミダニなどの各種予防薬を施しておきましょう。

## 大きな音を怖がらないようにするにはどうしたらいいでしょうか?

大きな音に怖がるのは基本的に憶病なイヌであり、社会化期(3~5カ日齢)を適切に経験していないことが原因となることが多く、精神的に不安定なことから分離不安を呈していることがあります。成犬になってもこういった症状がある場合は、なかなか改善が難しいことが多いですが、例として録音した音源を使用して、少しずつでも慣らしていくことが大事であると思われます。

## 雷や花火の音に怖がりオシッコをもらします。どうしつけたらいいですか？

改善策として、雷が起こりそうなときや花火が行われるときは、窓を閉め切り、テレビの音を大きくして、聞こえにくいようにするか、あるいは普段から雷や花火の音を録音したものを、初めは小さな音から徐々に大きくして聞かせ、慣らしておくことが有効でしょう。

## 子イヌの離乳食は何カ月目からですか？

子イヌは、生後3週目くらいから、乳歯が生えてきますので、30〜50日齢くらいから、柔らかくペースト状にして与えて下さい。最初は自分では食べられないことがありますので、介助することもあります。早く固形食を与えると、消化不良や便秘になることがありますので、注意しましょう。

## イヌにもイヌ友達は必要ですか？

イヌ友達は、あっても良いと思いますが、急変して咬傷を起こすことがありますので、全く安心はできませんので、必須とは思いません。むしろ飼い主との繋がりが一番重要だと思います。しかし、ほかのイヌに対して攻撃性を示さないようにほかのイヌとの多少の慣れは必要と思います。

## 散歩は大雨の日でもしたほうがいいのでしょうか?

イヌは、散歩が大好きですが、濡れて体調を壊したり、皮膚病の原因となったりしますので、無理には行かないほうが良いと思います。

しかし、問題は排泄でしょう。できれば、家の中やベランダや庭などの雨に濡れない場所に排泄場所を設けてあげて、家で排泄する習慣をつければいいですね。

## 家族でイヌを連れて旅行に行きたいと思うのですが、その注意点は?

移動手段・滞在場所においてイヌが安全に安心して過ごせるかが大切で、慣れた食器・敷物などを持参するのが良いでしょう。イヌの種類や年齢や大きさ、病気の有無によって注意点は一様ではありませんが、一般的に乗り物酔いや、暑い時期の熱中症、環境の変化による興奮や不安、食欲不振等の点に注意が必要です。中でもイヌは、人間より暑さに弱いので、熱中症には注意が必要で、車で旅行する場合は、わずかな時間でもエアコンを切った状態の車内にイヌを放置しないことが重要です。特に、肥満犬やパグやフレンチ・ブルドッグなど短頭種のイヌでは、熱中症を起こしやすく、暑い時期に車での旅行はおすすめできません。なお、短頭種は航空会社によって夏場は飛行機での輸送を断られます。そのほか、不注意による逃走、ほかの動物や人とのトラブルにも注意しましょう。

## イヌが泊まれるホテルに、1歳以上という制約があるのはなぜですか？

1歳以下の子イヌはストレスに弱く、体調を壊し、下痢や低血糖を起こすことがありますので制約があるのでしょう。またワクチン接種、しつけ等の問題もあると思います。

## 電車で旅行に連れて行くときの注意点は？

乗車前に排泄を済ませ、必ずケージに入れて車内では出さないようにしましょう。車内で無駄吠えをしないように、家庭でのケージトレーニングは必ず行いましょう。また、乗り物酔いをするイヌもいますので、あらかじめ車に乗せ確認しておくと良いと思います。

## 車で旅行するときの注意点は？

事前にトイレを済ます、運転の妨げにならないようにする、窓から頭を出さない、車内での吐物・排泄物に対する準備、酔い止めの用意、休憩を頻繁にとる、車内に長時間イヌを置き去りにしない、特に、日中では注意が必要です。まずは、短距離からスタートして慣らして下さい。

## 海水浴場で、海に入ってもいいのでしょうか？

海水浴場により、入れるところと禁止になっているところがありますので、確認して連れて行きましょう。また、多くの人が入れば、マナーあるいはルールを守って下さい。健康面では、人と同様に海に入った後では海水を洗い落として、皮膚病を起こさないように注意しましょう。

## 飼っている大型犬が、シャンプー嫌いでなかなか洗わせてくれません。なにかいい方法は？

いきなり全身のシャンプーを行わず、脚だけ洗うなどシャンプーや水に徐々に慣らしていく方法があります。また、シャンプー時におやつなどを与えることが効果的な場合もあります。自宅でどうしてもシャンプーができない場合は、トリミングに連れていき専門の方にお願いして下さい。

## 子イヌのシャンプーは、どのくらいの頻度でしたらいいのですか？

生後3カ月未満の子イヌの場合、体力や免疫力が低いためシャンプーは控えたほうが良いでしょう。汚れがひどい場合は、温タオルなどで拭いてあげて下さい。生後3カ月～6カ月のイヌでも、汚れや臭いがひどくなければシャンプーは月に1回で十分です。成犬では、月に1〜2回程度のシャンプーが目安となります。シャンプーのしすぎは毛づやの悪化を招いたり、皮膚病の原因になることもあります。シャンプーをする際は、必ずイヌ用シャンプーを使用して下さい。

## 爪切りは必要ですか?

室外で飼育されているイヌや散歩を十分に行っているイヌの場合は、地面に接地する爪は自然に削れるため爪切りが必要ない子もいます。しかし、このようなイヌでもイヌの親指にあたる狼爪《ろうそう》は、地面と接触することがないため、爪切りは必要です。伸びた爪を放置しておくと皮膚に食い込んで化膿したり、爪の内部の血管が伸びて爪切りをすると出血しやすくなるので注意して下さい。

## 歯石を取るのはどのようにしたらいいのでしょうか。

自宅でスケーラーを用いて歯石を取ることもできますが、歯に傷がつきむしろ歯石がつきやすくなったり、歯肉を傷つけたりすることがあります。

基本的には動物病院での歯石除去をおすすめします。一般的な動物病院では、超音波スケーラーを用いて歯石を除去した後に、ポリッシングを行い歯の表面を滑らかにして歯石をつきにくくします。また、虫歯や歯肉炎などでグラグラしている歯などは抜歯を行います。歯石の予防としては、歯ブラシなどを用いた日々の手入れが大事です。

## 被毛の手入れ方法は?

ブラッシングと適度なシャンプーを行って下さい。イヌは汗をかきませんが、皮脂腺からの分泌物により皮膚と被毛が汚れてきます。また、ブラッシングやシャンプーには、付着したごみや寄生虫の除去効果もあります。犬種によりブラッシングやシャンプーの回数は異なるためペットショップ、トリミングサロン、動物病院などに相談して下さい。被毛の状態が悪いと皮膚病にもなりやすくなるため、犬種に応じたお手入れをしてあげて下さい。

## トリミングに出すと、ヒゲが切られて戻ってきます。いいのですか？

トリミングに行くイヌの多くは、ヒゲが切られている場合が多いです（切るかどうか聞かれるお店もあります）。健康なイヌの場合は、日常生活を行う上では大きな問題はありません。しかし、ヒゲは感覚器官であり、非常に敏感で物体を認識するセンサーの役割があります。目の不自由な動物の場合は、ヒゲがあることで物にぶつかったりすることが減ることも考えられます。目が不自由なイヌの場合は、ヒゲを残してあげたほうが良いかもしれません。

## 歯周病予防、歯磨きに「グリニーズ」（歯磨きガム）を使い続けてもいいのでしょうか？

歯周病は、予防できる病気ですが、一般的に飼い主の協力が必要です。歯磨きガムの中には非常に硬いものもあり、上あごの奥歯を折ってしまうことが少なくありません。「グリニーズ」に関しては十分臨床試験を重ねていますので問題ないと思われます。使用し続けてよろしいです。ただし、歯磨きガムは噛む歯には有効ですが、噛まない歯にはほとんど無効ですので、歯周病予防は飼い主による歯ブラシを用いた歯磨きを併用して下さい。

## イヌ用のガムは何歳頃から与えたらいいのですか?

ガムは歯垢の付着を抑制することが目的ですが、歯垢がつく時期や量はイヌによっていろいろですので、いつ頃からガムを与えるかは歯を見てみて決めて下さい。

ところで、イヌはエサをよく噛まずに飲み込む習性があります。ガムを飲み込むと、食道や腸に詰まることがあります。ガムで歯が折れる、破損することもあります。長時間噛み続けることも良くありません。

## 歯磨きは一般的にやるものでしょうか?

歯磨きは一般的ではありませんが、イヌにも人と同様に歯垢や歯石が付着します。また、それを放置しておくと歯周病の原因になってしまいます。

そのため、歯垢や歯石ができるだけ付着しないように、また永久歯を長く維持するためには、日頃の歯の手入れが必要となります。できれば習慣として子イヌのときから食後に指先にガーゼを巻いたり、イヌ用の歯ブラシを用いて奥歯から前歯に向けて磨くと効果的です。

## ダニやノミを駆除する薬はありますか?

ダニやノミを駆除する薬は、背中につけるスポットオンタイプのもの、エサと一緒に与える経口タイプのものがあります。市販のものもありますが、一般的に効果が低いため動物病院で購入されることをおすすめします。健康への問題はほとんどありませんが、スポットオンタイプのものは舐めたりすると、場合によっては神経中毒などを引き起こすことがあります。

## ブラッシングすると嫌がって噛みついてきます。おとなしくさせる方法は?

ブラッシングに慣れていないイヌは嫌がることが多いです。また、毛玉などを無理に取ろうとすると痛みのためにますます嫌がります。ブラッシングに使用するブラシは、毛質に応じて数種類あります。飼われているイヌの毛質に応じたブラシを使用することも大切です。ブラッシングに慣れさせるため、毎日短時間のブラッシングから始めて徐々に慣らして下さい。また、毛玉は無理にブラッシングで取らずに、ハサミなどで切るようにして下さい。

## 迷いイヌを保護したので、近所の電柱に貼り紙を貼ってもいいのでしょうか?

電柱にも所有者がいます。無断で貼ると違法になるので貼ってはいけません。更に、自治体によっては、電柱に貼ることを禁止しています。どうしても貼りたければ、まずお住まいの自治体に相談して下さい。また迷いイヌを保護したら、警察あるいは保健所へ連絡して下さい。

**毎日吠えてばかりいるので、近所から苦情がきました。どのようにするのがいいのでしょうか？**

イヌが吠えるのには必ず何か原因があると思います。例えば、運動不足などによるストレス、何かの要求、恐怖、警戒によるもの、発情、認知症など、その原因は様々です。一度かかりつけの動物病院に相談されることをおすすめします。

**散歩しているイヌに噛まれた箇所が内出血をして腫れました。このまま放置しておいていいのでしょうか？**

イヌの口の中は雑菌がたくさんあるので、噛まれると感染してどんどん腫れがひどくなることがあります。また噛まれることによって感染する病気もありますので、早めに人の病院の受診をおすすめします。

# 繁殖について

DOG

## 去勢させず7年が経ちました。高齢なので、去勢したほうがいいのでしょうか？

高齢になると生殖器関係の病気になる可能性が高くなります。オスイヌだと前立腺疾患や精巣腫瘍、会陰《えいん》ヘルニアなど、メスイヌだと子宮蓄膿症などの病気があげられます。そのような病気の予防のためには、去勢手術や避妊手術は有効だと思いますが、高齢になれば麻酔のリスクも高くなりますし、心疾患や腎疾患《じんしっかん》など、何らかの病気が出てきている可能性もあります。そのイヌの全身状態に問題がなければ、検討されてもいいかと思います。

## 避妊手術、去勢手術のメリット、デメリットは？

イヌの避妊、去勢手術のメリットは、望まない繁殖を避けることや、生殖器関係の病気の予防があげられます。生殖器関係の主な病気として、オスイヌでは、精巣腫瘍や前立腺疾患、肛門周囲の腫瘍、会陰ヘルニアなど、メスイヌでは、子宮蓄膿症や乳腺腫瘍など、命に関わる病気があります。デメリットとして全身麻酔で行いますので、麻酔の危険性があげられます。また手術後太りやすくなりますし、メスイヌではごく稀に失禁するようになる子もいます。

## 避妊手術後、どのくらいエリザベスカラーをつける必要がありますか？

エリザベスカラーは、手術後の傷を舐めないようにするためにつけます。基本的に、抜糸が終了するまではつけておきましょう。また、抜糸後も傷口が落ち着くまではつけておいたほうがいいでしょう。

## 避妊手術後は太ると聞きましたが、なぜですか？ また、太らないようにするにはどうすればいいですか？

避妊手術後は、食事量が増える子がいます。それと同時に、体重を維持するためのエネルギー要求量が減少するためではないかとされています。個人差がありますが、避妊手術後は太りやすくなりますので、食事の量を調節したり、食事の種類を変えたりして、肥満にならないような工夫をされたほうがいいと思います。

## 交配と病気には因果関係はありますか？

イヌでもいくつか遺伝病があることが証明されています。犬種によってはその犬種特有の病気になりやすいとされています。もし、遺伝的な疾患を持っている動物であれば繁殖は避けて下さい。現在、遺伝子検査ができる疾患も増えていますので、疾患によっては調べることも可能です。また、遺伝病以外にも交配自体によって感染する伝染病もあります。

## メスイヌが、腕や脚に陰部を擦りつけてきます。直す方法は？

この行動はマウンティングといい、性行動だけでなく順位づけや興奮からの行動制御不能の意味も持っています。ですので、メスイヌ同士でもオスイヌに対してでも行います。イヌが人よりも優位にあると思ってマウント行動をしている場合、マウント行動をやめさせるためには、基本的なしつけからしっかりとやり直す必要があります。マウント行動をしようとしても「待て」や「おいで」などの声をかけて止めることができるようにしつけをすることも大切になります。また、特に興奮のしすぎからのマウント行動であれば、自分の腕や脚にマウンティングをしてきても決して甲高い声などで騒いだりしないようにしましょう。イヌが勘違いしてより一層興奮するようになります。その際は、黙ってマウンティングを振り払い、別の部屋に行き無視をして「マウンティングをしても良いことはない」とイヌにアピールしましょう。マウンティングをやめたらよく褒めて、ボールやおもちゃで遊んだり、散歩に行ったりして興奮を静めたり、発散させてあげましょう。

## 偽妊娠とはどういうことですか？

妊娠・出産していないメスにみられる現象で、巣作り、ぬいぐるみやほかの動物の養育、乳腺の発達、泌乳《ひつにゅう》のような母性行動を示すことを偽妊娠《ぎにんしん》と言います。

妊娠していないメスイヌでも、発情期のあとに乳腺が発達することがあります。この現象はプロゲステロンとプロラクチンというホルモンが原因です。同じイヌでも発情周期によって偽妊娠の症状の強さが違ったり、また、イヌによって症状を示したり示さなかったりします。そのため、ホルモンの変化だけではなく、メスイヌ側のホルモン以外の要因も大きいと考えられています。

偽妊娠の症状は、通常2〜3週間で治まるので、特別な治療は必要としないことが多いです。ただし、ぬいぐるみなどを子供と思って大事にしている場合には、取り上げたほうが良いです。乳腺を舐めるなどの行為も、乳汁《にゅうじゅう》の分泌を促すためさせないほうが良いです。偽妊娠の症状がひどい場合には、症状が治まってから避妊手術（卵巣子宮摘出術）を行うことでその後の偽妊娠を予防することができます。偽妊娠が2〜3週間よりも長く持続する場合には、ほかの病気が隠れている可能性もあります。避妊手術をしているメスイヌで起きる場合には、卵巣が残っている可能性もあります。

## 出産にともなう母イヌの体の変化はどのようなものですか？

出産時には体の中で様々な変化が起きます。それまでは妊娠を維持するためのホルモンだったものが、オキシトシンやプロラクチンといった出産や乳汁分泌のものへ変化します。

目に見える体の変化では、出産が近づくと母イヌはそわそわして暗くて静かな場所に巣作りをするようになります。そして、体温も出産前に変化します。出産の6～18時間前に平熱から2～3度低下して35～36度になります。体温の低下は、出産が間近に迫った証拠です。出産前に食欲が低下することもあります。その後、陣痛が起こり子宮の出口が広がり、それに続いて子宮が収縮することで胎子《たいじ》が娩出《べんしゅつ》されます。最後に後産《あとざん》で胎盤が排出されます。

## 妊娠の兆候と確認方法は?

体重と栄養要求量は、妊娠期間を通じて次第に増加します。特に、妊娠最後の$\frac{1}{3}$の期間に顕著になります。お腹が目立って大きくなるのは妊娠期間の後半になってからです。乳腺が張ってくるのも妊娠の終わり頃です。出産近くになると、乳頭をつまむと乳汁が分泌されます。

妊娠を初期に確認する方法には、超音波検査(エコー検査)があります。早ければ交配後10日で胎子の入った袋である胎嚢《たいのう》が見えるようになります。胎子がしっかり確認できるようになるのは、交配後3週間を過ぎてからになります。X線検査で胎子の骨が写るようになるのは交配後40日を過ぎてからで、X線検査が胎子の数や大きさを調べるのに適しています。

## 交配をしたいのですが、発情期を見分ける方法はありますか？

発情期になると陰部が腫れて大きくなります。発情出血も起こりますが、個体差が大きく飼い主が気づかないこともあります。そわそわするなどの行動の変化や、飲水量・排尿回数が増えます。食欲が普段と比べて少なくなることもあります。また、オスイヌのマウンティングを許容するようにもなります。発情期は2週間前後のことが多く、排卵は発情期の終わり近くに起こりますので、その頃に数日おきに何回か交尾させると妊娠の可能性が高くなります。

動物病院で発情の状態を検査する方法には、メスイヌの膣の細胞を綿棒で採取して顕微鏡で調べる方法があります。この検査は、発情の進行度合いによって顕微鏡で観察される細胞が変わるので、メスイヌの行動を観察するよりも詳しく発情の状態を判断できます。

発情周期を通して女性ホルモン濃度は変化しますので、血液中のホルモンの量を測ることで発情の状態を調べることも可能です。しかし、何回も採血してホルモンの変化を見る必要があること、検査センター等でしか測定できないので結果がわかるまでに数日かかることから、一般的ではありません。

## 発情期は1年に何回ありますか？　また、その期間は？

　イヌの発情は、多くの場合は年に2回、6～10カ月間隔であります。春と秋が多いですが、ほとんどの場合、明確な季節繁殖性はありません。しかし、バセンジー種は年に1回、秋にのみ発情があります。一般的に発情のサイクルは大型犬で長く、小型犬で短いです。シェットランド・シープドッグの平均は6～8カ月、ミニチュア・ダックスフンドの平均は8カ月と言われています。メスイヌを複数飼っている場合には、発情周期が同じになることがあります。このことから、発情には嗅覚や視覚などの影響があると考えられています。若い頃は定期的にあった発情も、年を取るにつれて発情間隔が不規則で長くなります。

　発情期間についても個体差が大きく、4日～37日とばらつきが大きいですが、平均的な場合で20日前後です。いつもよりも出血している期間が長かったり、食欲や元気が低下している場合には、子宮蓄膿症になっていることもあるので、動物病院を受診したほうが良いかもしれません。

## 出産にあたって気をつけることは？

　イヌの妊娠期間は63日前後になります。

まず、交配の時期から出産予定日の目安を把握します。予定日の1週間ほど前になったら、動物病院で胎子の大きさや頭数の確認をおすすめします。

　その時期に、母イヌが落ち着く場所に段ボールなどで出産用のスペースを作り、1日2～3回の体温測定を行います。出産直前は体温が下がるので、体温測定で出産時期の予測がたちます。

　母イヌが横たわった状態でいきみだすと、子イヌの出産が始まります。最初の子イヌから、次の子イヌが出てくる間隔は、少し長くなることがありますが、それ以降の分娩間隔は、約30分程度です。分娩の間にも、母イヌは新生児の世話をし、子イヌたちは母乳を飲み始めます。

いきみだしても出産が始まらない場合や、予定した胎子数の出産が認められない場合、母イヌの状態が悪化した場合などは、早めに獣医師に相談して下さい。

そのほかにも、出産ではトラブルが起こりうることがあります。前もってかかりつけの獣医師に相談をしておきましょう。出産の際は、母イヌが飼い主の様子を敏感に感じ取ってしまうことがあります。心配ではあると思いますが冷静に見守ってあげることも必要です。

## 生まれたばかりの子イヌに注意することはありますか？

犬種により子イヌの体重ならびに子犬数は、極めて多様で一様ではありません。もっとも大型犬種の子イヌは、母イヌの体重の約1％ですが、小型犬では母犬の体重の約6.4％位です。出生後4週間は体温調整ができないため、体温維持のためには母イヌにぴったりと寄り添っていることが大事です。そのため、分娩直後の子イヌは濡れたままだと体温が低下するため、乾燥したタオルで優しく拭いてあげて下さい。母イヌが育児放棄したり長時間子イヌから離れると、急速に体温が低下し危険な状態に陥ります。また虚弱な子イヌは、授乳が困難である場合が多く十分に授乳しているか体温が保たれているか、さらに定期的に体重測定をしたりして健康に注意を払うことが大切です。

## 人工保育はどのようにするのですか？

人工保育が必要な状況は、母イヌが子イヌの子育てをしない場合、授乳はしているが子イヌの体重が増えていない場合、母イヌが出産で弱っている場合などです。

人工保育の方法には、人が哺乳のみを行う場合と、排泄なども含めてすべての世話をする場合の2通りあります。人工哺乳をする場合には、必ず子イヌ用のミルクを使いましょう。粉のタイプを使う場合には、記載されている作り方に従って用意します。生まれて1週目までの子イヌには、1日8回位の授乳が必要です。大きくなるにつれて回数は減らしていき、4週齢の子イヌには1日4回位授乳します。授乳後に残ったミルクは、細菌が増殖する可能性があるので廃棄し、哺乳瓶は消毒します。

生後20日を過ぎると乳歯が生えてきます。その頃から徐々に離乳食も与え始めます。子イヌ用の離乳食を与えるか、子イヌ用のドライフードを水でふやかして軟らかくして与えます。初めは食べ物だとわからないこともあるので、少し口につけてあげるのも効果的です。しっかり食べるようなら人工哺乳を止めていきます。

生後3週齢以下の子イヌは、自力で排泄ができません。ですので、人工哺乳の度に母イヌの代わりに排泄を手助けします。肛門や陰部、包皮の先を柔らかいコットンなどで優しく刺激してあげると、便や尿が出ます。人工哺乳をしていると便が出にくいことがありますが、まったく便が出ないときは病気の可能性もありますので、動物病院にご相談下さい。

## 出産すると乳ガンや子宮ガンになりにくいと聞きましたが、本当ですか？

よく、そのようなことを聞くことがありますが、獣医学的な根拠は乏しいです。今は子供を産ませる予定がない場合には、避妊手術が推奨されています。避妊手術（一般的には卵巣と子宮を摘出する手術）をすることで、卵巣と子宮の病気になることは確実に予防できます。初回の発情前までに避妊手術をすることで乳腺腫瘍の発生率が劇的に低下することは有名な話です。そのほかに乳腺腫瘍のリスクとしては年齢、犬種、肥満が明らかになっています。

# しつけについて

DOG

## 3歳のイヌを引き取りましたが、散歩を怖がり、影にも怯えます。この恐怖心を取り除けますか?

まず、何に対し恐怖心を持っているのかを知る必要があります。そして、その子が怯えるような環境や刺激を避ける必要があります。散歩を怖がるなら散歩もすべきではありません。治療として、まず基本的なしつけを行います。お座りや待てなどの服従のコマンド(命令)に従うようにイヌをしつけます。その場合も、体罰や大きな音を出すなどで決して怖がらせてはいけません。ごほうびを与えることでしつけを行い、信頼関係を築いていきます。安心できる場所でリラックスできるようになればごほうびを与えて下さい。そして、刺激がある場所でもごほうびによりコマンドに集中できるように、少しずつ慣らしていきます。室内から玄関、玄関先、庭、というように、刺激のレベルを少しずつあげていきます。抗不安剤やサプリメントなどもありますが、いずれにせよ飼い主の努力と忍耐、そしてしつけの繰り返しが必要です。

## 12歳のイヌがいますが、新たに子イヌを迎えたところ、すぐに子イヌにいどみかかっていきます。仲良くさせるには？

どんなときに攻撃が起こるのかを観察します。飼い主が子イヌをかわいがるときなのか、食事を与えるときなのか、子イヌがある場所（縄張り）に行くと攻撃されるのかなどを見て下さい。そして、その攻撃のきっかけになるものが特定できればその原因を除去して下さい。イヌの性格や体格差にもよりますが、ケンカをしても大きなけがをしない程度であれば、抑制的なケンカです。一方のイヌが服従の姿勢をとっていても攻撃をやめない場合には、イヌに精神的な異常がある可能性があります。とはいえ、成犬と子イヌですから、イヌ同士を離して飼うことから始めます。飼い主のコマンド（命令）をきくようにしつけることも重要です。イヌの順位が確定すれば少し落ち着くことがあります。性格的な異常がある場合などには薬物療法も取り入れてみます。

## 攻撃癖のあるイヌは、犬歯を削ったほうがいいのでしょうか？

犬歯を削ることで攻撃性が治まるわけではありませんし、不適切な処置は、痛みを大きくして、かえって攻撃性が増してしまうこともあります。犬歯を削ることで飼い主の恐怖心が少なくなり、きちんと訓練ができるようになるという場合には、ひとつの方法かもしれませんが、攻撃癖の原因を正確に調べてから対処しなければなりませんので、行動学に詳しい動物病院で診察を受けられることをおすすめします。

## 家族がいるときはしませんが、誰もいなくなるとオシッコをします。どうしたらいいですか？

オシッコを違う場所でしたときに、叱ったり、たたいたりしていませんでしたか？

トイレのしつけの際に叱ってしまうと、飼い主の前でオシッコをしたから叱られたと思ってしまい、人の前ではオシッコをがまんするようになることがあります。

一日中家で見てあげられるときに、オシッコをしそうになったらすぐにトイレに連れて行き、うまくいったら、優しく褒めてあげて下さい。終わったらすぐにごほうびをあげるのも良いでしょう。

違う場所にしてしまったときは、知らないふりをしてそっと掃除をして下さい。

## 甘噛みをするのですが、やめさせる方法はありますか？

子イヌがいろいろな物を噛むというのは自然な行動です。

本来は、発育期に兄弟や親とじゃれあう中で、噛む強さを覚えるのですが、早くに離されてしまうと、かげんがわからなくなってしまいます。

噛まれたときは「痛い！」と大きな声で言って手を引き、しばらく無視するようにして下さい。少しの間そばを離れるのも良いと思います。

噛むとかまってもらえないということを理解させることが大切です。

叱ったり、たたいたりするのは、かえって興奮させてしまったり、人を怖がるようになったりして、逆効果になることが多いのでやめて下さい。

噛んでも良いおもちゃを与えたり、できれば同じ年頃の子イヌと遊ばせてストレスを発散させてあげて下さい。

動物病院でパピークラスなどが行われていれば、参加するのも良い方法です。

## 噛む癖を直す方法はありますか？

甘噛みについては、先ほどの答えを参照して下さい。幼犬のときに甘噛みのしつけがきちんとできていないと、成犬になっても人を噛むようになってしまいます。成犬になってからの矯正法は、犬種や周囲の環境、どういった状況で噛むのか、などでそれぞれ変わってきます。対応を誤ると、危険な場合もありますので、専門家にご相談されることをおすすめします。

## 留守にすると、クッションやカーペットなどを噛んで食べているようです。どうしたらいいのですか？

甘噛みと同じで、イヌにとっていろいろな物を噛むのは自然な行動です。

長時間ひとりぼっちで不安だったり、退屈だったりすると、周囲にあるものを噛んだり食べたりしてしまいます。

留守番をさせる前には、できるだけ散歩に行って、エネルギーを発散させてあげて下さい。

そして、留守番中に退屈しないように、噛んでも良いおもちゃを用意して下さい。少しずつおやつやフードの出てくる、コングなどはおすすめです。

古いスリッパやタオルなどの人の日用品は、おもちゃとして与えないようにして下さい。

ケージの中で留守番できるように練習するのもひとつの方法です。

## 外出時や車を降りるとき、異常に騒ぎます。どう対処したらいいですか？

大喜びして騒ぐのでしょうか、それとも怖がって騒ぐのでしょうか。

大喜びしすぎる場合は、騒ぎ始めたら落ち着くまで、リードを持ったままじっとしていて下さい。落ち着いたら、おすわりをさせてから、ゆっくりと、リードを引っ張らせずに歩かせる練習をしましょう。どうしても引っ張るのなら、ジェントルリーダーなどを使うと良いと思います。

騒ぐのがおさまらなければ、外出はおあずけ。車からは降ろさずにいったん帰りましょう。騒いだら外には出られないということを、わかってもらわねばなりません。

怖がって騒ぐ場合は、吠える場合と同じで、少しずつその状況に慣らしていくことが必要です。

車の場合は、できるだけ行き慣れた場所で練習しましょう。

どちらにしても、しつけ教室等を利用して、ほかのイヌや飼い主と一緒に、基本的なしつけの練習をされることをおすすめします。

## 人が来ると吠えるのですが、直せるのでしょうか？

生後4～5カ月位までの間に、人と会う機会が少ないと、知らない人が来ることを警戒して吠えるようになってしまいます。

子イヌのときには、できるだけ多くの人に来てもらい、遊んでもらうようにしましょう。成犬になってから直すには、友達などに何度も来てもらい、人が来ることに慣れる練習をすると良いのですが、その前に、まず、「おすわり」や「待て」などの基本的なしつけができていなければなりません。

できれば、しつけ教室などを利用して、ほかのイヌや飼い主と共に、練習されると良いと思います。

## 人見知りが激しく、知らない人が来ると威嚇します。どうすればいいですか？

前の質問の場合と同じで、少しずつ人に慣らしていくことが必要です。

ただ、とても人見知りが激しい場合、あまり急ぎ過ぎると、かえってストレスを与え続けることになってしまいます。

怖い思いをさせないように、家族に近い人に協力してもらい、時間をかけて少しずつ慣らしていって下さい。

## いつもトイレのシーツをビリビリに破いてしまうのですが、直す方法はありますか？

　飼い主がいるときに破いているのなら、かまってもらいたくて破いている可能性があります。破いているときにあわてて声をかけたりしていませんか？

　叱るときは現行犯で、が原則ですが、きちんと叱らないと、かえってかまってもらっていると思われてしまいます。叱るのではなく、知らないふりをしておいて、後述の破かせないような対策を取りましょう。

　飼い主がいないときに破いているのなら、ストレス解消や、シーツで遊ぶのが楽しくて破いているのかもしれません。

　普段から噛んでも良いおもちゃを与えてしっかり遊ばせましょう。

　どうしても破いてしまうのなら、シーツに苦い味のするビターアップルなどを塗ってわざと噛ませたり、バーベキュー用の金網や洗濯ネットを使って、シーツが破けなくするのも方法です。網付きのトイレも市販されています。

## 落ち着きがないイヌを直す方法はありますか？

　イヌを落ち着かせようとこちら側が反応してしまうと、たとえ声の調子が荒くても犬は褒められている、遊んでくれていると勘違いしてしまいます。

　イヌが落ち着くまでは目を合わせず、声をかけないようにしましょう。その場から離れても良いです。このような行動を繰り返すことによって、イヌは、落ち着きがない行動をしても人の注意をひくことができないことを学習し、そのような行動は減っていくでしょう。

## 散歩中、ゼイゼイいいながらリードを引っ張ります。引っ張りは直せますか？

訓練を行えば、直すことは可能です。

子イヌの場合、散歩の際はおもちゃかおやつを持っていきましょう。

イヌがグイグイ引っ張って人の前に出たら、まずリードを持っているほうとは反対の手でおもちゃやおやつを差し出し、イヌの注意をひきます。同時に差し出した手も引き、イヌがその手についてきたら「ついて」というコマンドを出して、おもちゃやおやつを与えましょう。そうした訓練を繰り返すことで、イヌは「ついて」というコマンドを学び、人のそばにいると楽しくてごほうびがもらえると理解します。

成犬の場合は、上記の訓練に加えて、前に出たがったらその場で立ち止まり、イヌにおすわりをさせて落ち着くまでは動かさないようにするというような訓練を行いましょう。これは忍耐が必要な訓練なので数週間かけて行います。

## イングリッシュ・セッターが、鳥を見つけるとすぐにセット（鳥の居所を知らせる）します。やめさせることはできますか？

狩猟本能（特性）があるためそうするのでしょう。やめさせることは根気がいるのですが可能です。ポイントは、その特性を飼い主に従いたいという服従性に変えていくのです。セットしたときは無視して、飼い主の合図に答えたときは褒める、これを繰り返すことで学習させましょう。

## イヌを褒める方法は？

イヌは関連づけによって学習します。「こうしたからこうなった」ということを一番理解するのです。イヌが指示通りの行動をしたら2秒以内に褒めましょう。

何分も前に起きたこととごほうびを結びつけることは難しいです。一番してはいけないのは、吠えたりなどの、何かしらの要求に対してごほうびをあげてしまうことです。吠えたらおやつがもらえる、抱っこしてもらえると関連づけてしまいます。

命令に従ったら褒めてあげることが大切です。

## 糞を食べてしまうのですが、どうしたらやめさせられますか？

子イヌの場合、糞便を食べてしまう原因は、退屈で暇つぶしに口に入れてしまうということが多いです。食事後は目を離さないで、排便をしたらすぐに片付けることが大切です。

成犬では、子イヌ時代からの癖であったり、好んで食べていたりという場合が多いです。この場合でも、排便後食べてしまう前にすぐ片付けることや、食べそうになったらほかの行動をさせて気をそらすことが重要です。根気よく訓練をして、糞便に対して興味を持たなくなるように慣らしていきましょう。

また、消化がうまくできていないイヌでは糞便中に残っている栄養素を得ようとすることが、食糞行動につながっている可能性があります。このようなイヌでは、消化の良いご飯に変えることで食糞行動の改善がみられるかもしれません。

## トイレのしつけはどのようにしたらいいのでしょうか？

トイレトレーニングを行う際は、イヌの排泄行動パターンを理解することが重要です。サークルを用意し、サークル内は寝床以外はペットシーツや新聞紙を敷きます。子イヌであれば頻繁に排尿・排便するので、そのサインを見逃してはいけません。食後や寝起きににおいをかいだり、落ち着きのない様子が見られたらサークルに入れましょう。そして、サークル内のペットシーツや新聞紙に排泄できたらたくさん褒めます。イヌは、基本的に自分のすみかでは排泄したがりません。

しかし、新しく来た家が自分の縄張りだと理解するには時間がかかります。繰り返し、忍耐強く覚えさせていきましょう。

## 道に落ちている物を何でも拾って食べようとします。どうしたら直せますか？

イヌは、気になるものを口にくわえて、それが何であるかを識別する習性があります。栄養バランスの良い食事に変えることや、ストレスを軽減させることで治ることもありますが、多くの場合は訓練が必要となります。イヌが気にしている物はすぐに遠ざけ、食べそうになっていたらほかの行動をさせて気をそらせましょう。気になる物の対象をほかに向けることで、段々と気にしなくなっていきます。

どうしても直らない場合は、口輪をして何も拾って食べられないようにします。まずは1カ月続けましょう。そうすることで直る場合もあります。異物を食べてしまうと、手術が必要になることもあるので注意が必要です。根気よく環境を変えていく努力をしましょう。成犬や老犬になってから急にそのような行動が始まったのであれば、何らかの疾患によって起きている可能性もあります。動物病院で相談しましょう。

## 吠えないイヌを、吠えるようにするにはどのようにしたらいいでしょうか？

年齢や性格によっては、吠えないイヌを吠えるようにすることは難しいかもしれません。イヌが吠えるように興奮させ、吠えたらとにかく褒めましょう。

具体的には、飼い主自身が「ワン」と吠えて興奮させたり、怖がらせたり、ケージに長時間入れたりなど心理的な苦痛を与えます。そしてイヌが吠えたらごほうびをあげ、褒めましょう。ただし、吠えることは近所迷惑などの問題が起こる場合がありますので、相応の理由がない限り吠えさせることを教えるのはおすすめしません。

## チャイムが鳴るとすぐに吠えるのですが、どのようにしたら直せますか？

このような場合、イヌは、縄張り意識の意思表示、警戒心、恐怖などから吠えている可能性があります。そのような行動に対してこちら側が過剰に反応し、抱いたりなでたり、大きな声で注意したりすると、ごほうびがもらえた、一緒に興奮してくれたと勘違いしてしまいます。勘違いをさせないために、吠えている間はかまわずに静かにしましょう。そして落ち着いたら褒めてあげます。このような訓練を繰り返し行いましょう。

また、チャイムの音に慣れさせることも重要です。チャイムが鳴っても何も嫌なことは起きないということを学習させるのです。チャイムの音を録音し、何度も聞かせることも効果があるでしょう。

## 夜になると、夜鳴きをします。直す方法はありますか？

子イヌの場合、不安から夜鳴きをすることが多いです。そうした行為に対しては、飼い主のにおいがついたものをそばに置いたり、音の出るものを置いたりして周りに人の気配を感じさせることや、ケージを覆い、外からの刺激を和らげることなどで対処していきましょう。

夜鳴きをした際に飼い主がそばに行くことは、不安が解消され夜鳴きは止まります。しかし、このような行動を繰り返すと「鳴けば来てくれる」と間違った学習をしてしまうので注意が必要です。

また、ぐっすり眠らせるために、日中にたくさん運動をさせて疲れさせるのも、夜鳴きを防ぐことにつながるかもしれません。

老犬の場合は、脳神経系の疾患や痴呆が原因で夜鳴きをすることがあります。

それぞれの原因に合った内服薬で、ゆっくり休ませてあげることが大切となります。獣医師によく相談しましょう。

また、耳が遠い、目が見えないなどの体の不調からくる不安によって夜鳴きをする場合や、体がうまく動かせないイヌでは排便排尿などの欲求で吠えたりする場合もあります。そうした場合は、そばに寄り添い優しく頭をなでて不安を取り除いてあげたり、トイレに連れていってあげたりしましょう。

## すぐに人に飛びついて行きます。直す方法はありますか？

家庭内で人に飛びつく行動をやめさせる訓練が必要となります。イヌが飛びついてきたら、待てという指示を出して落ち着かせ、飼い主側がかがみ、低い姿勢でコミュニケーションをとりましょう。立ったままで飛びついてきたイヌを受け入れてしまうと、「飛びつくと喜んでもらえる」と勘違いさせてしまうので注意して下さい。また、外で人に飛びついてしまったときは、いけないという指示を出して制止させ、それに従ったらごほうびをあげるなどして、褒めてあげましょう。こうした訓練を繰り返し行うことで改善がみられるでしょう。

## イヌのベッドに入ってしまうと、威嚇するのですが、どうしたらいいのでしょうか？

イヌが人間にとって問題となる行動を取ったとき、すべてをイヌ側の問題、しつけの問題と捉えがちですが、実は飼い主側にも問題があることが多くあります。今回の場合、ベット以外は自分のテリトリーではないため従順な態度を取る一方で自分のベットは唯一のテリトリーとして、そこに近づく者は、たとえ飼い主であっても威嚇しているように思えます。今回の場合は、飼い主とイヌの信頼関係が築かれていないように思います。まず、日常生活においてイヌがストレスを受けていないか、その原因を考えて少しでも多くの原因を取り除き、お互いの信頼関係を築きあげると、このような事例はなくなると思います。

## 抱かれるのを嫌うチワワなのですが、嫌がられずに抱っこするには？

イヌが体を触らせない、抱かせない、飼い主から逃げる、体を丸めおびえている行動は、過去に恐怖体験をしたイヌによく見られる行動です。飼い主に対して警戒心があり信頼関係がいまだ築かれていません。また、チワワは、小さなイヌですから人はおそらく巨人に見えることでしょう。まず、飼い主は座って手渡しで食事を与え、まず頭をなでることから始め、それができるようになれば次のステップとして体を触ることに慣れさせましょう。

そこまでできると抱っこもさせると思います。また、信頼関係が築かれるまでは、決して大きな声などで恐怖を与えてはなりません。信頼関係ができあがれば腕の中に自ら飛びこんでくるでしょう。

## 家族が食事すると、騒ぐのですが、静かにさせる方法はありますか？

イヌが人間の食事中に吠えることは、人が食べているものを欲しがる要求吠えというものに当たります。これに応えようと自分たちが食べているものを与えたり、犬用でもおやつや食べ物を与えると、イヌ自身は吠えることで要求に応えてもらえると認識し、この要求吠えは助長されてしまいます。この食事中の要求吠えに対する最も効果的な方法は、無視することです。イヌは、要求吠えに対し無視されることで、吠えても何ももらえない、むしろ無視されてしまうと認識し、吠えるのをやめるようになります。逆に大声で叱ったりすると吠えることで構ってもらえると認識し、吠えることが助長される場合があるので気をつけましょう。

## 散歩中に吠えたり、ネコを追いかけたりします。改善方法はありますか？

これらの行動は、周囲に対するテリトリー意識などが原因で起こる行動です。改善方法としては周囲の人やイヌ、ネコなどを無視して歩くことを強化させることになります。とはいえ実際はなかなか難しいのですが、具体的に説明すると、まずは刺激となる人やイヌ、猫があまりいない時間帯に散歩をすることが効果的と思われます。刺激により吠える機会が多いと、吠える行動が強化されてしまいます。もし、どうしても毎日その時間帯に散歩することが困難な場合には、この時間帯から徐々に周囲にずらしていくようにします。もし、刺激となるものが現れた場合には、おすわりなどを指示し、ごほうびを与えるなどをしてあげます。もし、突発的にこれらの行動が出てしまった場合には、引っ張り防止胴輪などでコントロールをしてあげるのもひとつの方法です。

## 5歳になりますが、いまだウレションします。やめさせる方法ありますか？

一般的にいわゆるイヌの「ウレション」は興奮もしくは、服従を示すために失禁してしまう服従排尿と呼ばれるものになります。この行動への対応としては、帰宅時や来客時などイヌと出会う際に興奮させないようにすることがポイントとなります。具体的には、興奮して寄りついてきても無視するか、過度になでるなどの愛情表現を控えるようにします。ただし、5歳とある程度成熟したイヌでは、急に無視すると逆効果の場合がありますので、徐々に愛情表現を減らし、無視するようにします。

## マーキング行為をやめさせたいのですが、直していいものでしょうか？

マーキング行為は、性成熟以降の未去勢のオスイヌと発情前期のメスイヌにみられるもので、人間側からすると不適切な行動にみられますが、イヌにとっては正常な性行動の一種になります。よって、この正常な行動を注意したりすることはイヌにとって不可解なものとなり、この行動をイヌの意図に反して抑制することは、動物倫理にそぐわないものかもしれません。ただし、マーキング行為により家庭内や周囲の環境に問題が生じる場合には、対応が必要なこともあります。マーキング行為の予防には、性成熟前の去勢または避妊手術が効果的ですが、性成熟を迎えてもこれらの手術により改善させることが期待できます。

## オシッコしたあとトイレシーツで寝ます。直りますか？

イヌは、本来きれい好きなのであえて汚れたところに寝てしまう習性はないのですが、実際にこのような行動はしばしばみられます。原因としては、トイレシーツの柔らかい質感を気に入っていたり、居心地が良いために寝床としてしまっている可能性が考えられます。まずは、衛生的な問題を改善するために、オシッコをしたあとはすぐにトイレシーツを交換すべきです。ケージで飼育している場合には、トイレを別の場所に設けるべきです。そしてトイレシーツとは別に、柔らかい素材のものでできた寝床を用意してあげます。寝床を準備できたらイヌをそちらに移動してあげ、認識させるようにします。またトイレシーツは、そのまま敷かずメッシュを上に敷いて、柔らかい質感をなくすようにしてみます。寝床のほうが寝心地が良いということが認識できるようになれば、そちらで寝るようになります。

## 小型の雑種で、小さい頃から凶暴です。最近は飼い主にも噛みつくのですが、改善できますか？

イヌの凶暴性は、攻撃行動によるもので、自分の優位性を誇示する優位性攻撃行動、自分の縄張りに侵入するものに対する縄張り型攻撃行動、臆病な性格や過去の嫌な経験による恐怖性攻撃行動、原因がわからない特発性攻撃行動などがあります。いずれかの攻撃行動の可能性が考えられますが、小型犬の場合は、生まれつき臆病な性格の子が多い傾向があるため、恐怖性攻撃行動の可能性が高いかもしれません。改善させるために有効な方法としては、まず攻撃行動の原因を獣医師などの専門家と相談し診断してもらい、適切な改善策をアドバイスしてもらう必要があります。攻撃行動に対する共通した改善策は、周囲環境の改善、信頼関係を築くためにごほうびを与える、攻撃行動の原因がわかっている場合には、その原因となるものを避ける、もしくは少しずつ慣れさせる（脱感《だっかん》作《さ》）といった方法があげられます。オスの場合には、去勢手術が有効なことがあります。攻撃行動に対して、体罰または強い叱責をすると逆効果になりますので注意してください。

## 散歩のときに草を舐めたり、食べるのをやめさせる方法はありますか？

イヌが草を舐めたり、食べたりする理由としては、一つにはネコと同様に自分の体を舐めることで胃にたまった体毛を吐き出そうとしたり、胸やけを緩和するためにすることがあります。また腸に寄生虫が感染している場合にも、体が食事が足りないと認識し、草を大量に食べることがあります。

路上の草は汚れていたり、時に除草剤や殺虫剤など体に害があるものが付着していることがあるため、舐めたり食べたりすることは望ましいことではないと思われます。食べることをやめさせる方法としては、前者の理由であれば、食事に草の代わりにキャベツや白菜、レタスやニンジン、サツマイモやカボチャなどの食物繊維の多い野菜を加えると、散歩中に草を食べる行動を抑えることができます。後者の場合には、病院で寄生虫の検査を受け、適切な駆虫をうけることで直ります。

# 健康管理について

DOG

## イヌも熱中症になるのでしょうか？

イヌは熱中症になりやすい動物です。イヌの体は汗をかくことができず、わずかに足裏にかくだけです。体温は呼吸によって下げるので、熱くなると呼吸数を増やして口を開けてハアハアいいます。さらに、口からよだれを多量に出すこともあります。木陰のない場所での日光浴、車内の放置、風通しの悪い場所での飼育、熱帯夜の散歩などにも気をつけましょう。

## イヌが熱中症になったとき、どのように対処したらいいのでしょうか？

緊急時に家庭でできることは、冷水シャワーなどで体を冷却することです。

目安は、呼吸状態が正常におさまるまでですが、冷却している間に獣医さんに連絡して指示を仰ぎましょう。

熱中症は、重症軽症にかかわらずやっかいな病気で死亡率も高く、回復したように見えても再発する場合や、多臓器不全を起こす場合がありますのでしばらくは治療を継続する必要があります。いずれにせよ、かかりつけの先生とよく相談して治療を続けます。

## 夏期に部屋に入れたまま留守にし、帰ってみたら尿・便を失禁しており、病院に行ったら熱中症として入院処置してもらいました。その様な時には病院へ行くまで何か処置することはありますか。

熱中症が疑われる場合には、可能な限り急いで動物病院を受診することが大事ですが、その移動中にもできる限り体を冷却してあげると良いでしょう。簡単な方法としては保冷剤や氷枕などをタオルに包み、首や腋の下、鼠径部（後ろ脚の付け根、お腹側）などを冷やします。

## イヌ小屋を涼しくする方法はありますか？

まずイヌは暑さにめっぽう弱い動物です。我々のように汗腺がありませんので体温は主に呼吸で調節します。特に夏は、呼吸が速くなりゼーゼーと走ってもいないのに過呼吸になったイヌをご覧になったことがあると思います。従って、涼しくするためには気温が上がって暑くなってからでは遅いのです。日よけをする、日陰に移動する、扇風機をかけ空気を循環させる、飲み水に氷を浮かせる、コンクリート・アスファルトのような温度が上がるような場所に繋がない。真夏日はエアコンのある部屋に移動するなどの細かな配慮が必要です。

## 冷暖房を使えないときの対処方法は？

夏は涼しく、冬は暖かくが基本です。夏は空気がこもって気温が上がらないようにします。空気が循環するように換気扇を回すか、窓を開けて風を通します。

冬は、逆で風が通らないようにすると共に毛布でケージを覆ったり保温が大切です。夜は、湯たんぽなどを利用するのもいいでしょう。

個々の家庭の事情に合わせて工夫しながら暑さ寒さ対策をしましょう。

## イヌに花粉症はありますか？

花粉症は、アレルギーのひとつなのでイヌもかかることがあります。症状としては、皮膚疾患（痒み、脱毛、発赤《ほっせき》など）が主に見られ、人と同様にくしゃみや鼻水、目の痒みなども見られることがあります。

## 人間用の虫除けスプレーをイヌに使ってもいいのでしょうか？

虫除けスプレーと記載がありますが、内容成分は殺虫成分と同じものです。イヌやネコへの使用の有無については記載はありませんが、無闇に使わないほうが良いでしょう。虫除けスプレーの主成分ディート（ジエチルトルアミド）は、蚊やダニが媒介する病気ツツガムシ、日本紅斑熱《こうはんねつ》、最近では重症熱性血小板減少症候群（SFTS）などから個人を防御するためには優れた薬剤と言われていますが、殺虫剤や農薬でなく忌避剤という名称を用いているため安全であると信じ込む傾向がありますが、この成分は、まれではありますが重症の神経障害を引き起こしたり、皮膚炎を起こすことがあります。特に、目に被爆した場合と吸入した場合に症状が現れやすいと言われていますので使用は避けたほうが良いでしょう。

## 自分の爪をかじっているのですが、何か問題はあるのでしょうか？

イヌがある特定の場所を舐めたり噛んだりしている場合は、そこに何らかの問題がある場合が多いです。爪の周囲が赤くなっていたり腫れていたり、周囲の被毛が薄くなったり変色したりするようなら皮膚病や、爪に問題がある場合があります。また、そのような皮膚病変がない場合でも、舐め続けると皮膚病に発展する場合がありますので、獣医さんで診察して頂いて下さい。

## 暇さえあれば耳の後ろや体中を噛みます。ストレスがあるのでしょうか？

引っ越しや世話をする人が変わったなどの環境の変化があり、そのあとから噛んだりする行動がみられるようになったのであれば、ストレスの可能性もあるかもしれません。

ですが、動物は言葉を話すことができません。体をかいたり噛んだりするのは痒みのサインのことがあります。ストレスを疑う前に、痒みを示すほかの病気の可能性が本当にないのか考えておく必要があります。耳が痒いのであれば、外耳炎、ミミヒゼンダニの有無を調べる必要があります。体が痒いのであれば、膿皮症《のうひしょう》、食物アレルギー、アトピー性皮膚炎、ノミ、疥癬《かいせん》なども考えられます。動物病院で受診して、これらの病気がないかを、まず、検査してもらうと良いと思います。

## 歯に色がついてきたのは、なぜでしょうか？

歯に色がつく原因として一番多いのは歯垢、歯石が付着している場合です。

また、イヌでは虫歯の原因菌が繁殖しにくく、虫歯がないといわれていましたが、虫歯に全くならないわけではありません。虫歯になった場合も、歯の色は茶褐色や黒くなってきます。

## イヌが下痢をしたときはどんな食事がいいですか？

一時的な下痢であれば、消化の良い食事やフードをふやかして与えるのも良いでしょう。経験的には、便が水様から軟便で、さらににおいの強いもの、嘔吐をともなうもの、中には血液が混じったもの、あるいは血便をともなうものでは細菌、ウイルス性の可能性がありますので、様子を見ないで早めに獣医さんで診てもらいましょう。
下痢はしないが粘膜便をともなうものも要注意です。

## 食欲のないイヌには何を与えたらいいでしょうか？

食欲がないというのは、具合が悪くて食欲がないという場合と具合が悪くないのに食欲がないという2種類があり、その見極めが大切です。

前者の場合は、診察してもらいましょう。後者の場合は元気もあるし、飲水、排便、排尿も正常なはずですので、しばらくすると食べるようになるでしょう。缶詰フードやイヌ用のおやつなど目先の変わった食べ物を与えてみるのもひとつの方法です。ただしその場合は、よく食べるからという理由でたくさん与えるのは控えましょう。

## 梅雨のシーズンを快適に過ごさせる方法はありますか？

梅雨季はジメジメ、ムシムシでうっとうしい日が続く日本特有の季節です。この時期は、人や動物を問わずいやなものです。この時期を快適に過ごすためには、湿度と温度をコントロールする必要があります。エアコンや除湿器、扇風機をうまく使い除湿するのが良いと思います。

また、毛換えの季節でもありますから、ブラッシングをこまめにしてむだ毛を取り除いてあげましょう。またシャンプー、カットなどで被毛を清潔に保つことも重要です。

## ペット用の循環式給水器の水ですが、夏場は何日くらいもつのでしょうか？

循環式という表現ではありますが、ペットが水を飲むと上に貯留していた水が下に溜まる形式の給水器と思います。夏場は、水とはいえ、設置している場所にもよりますが、傷みは早いと考えて下さい。従って貯めている水がなくなるまで何日もというわけにはいきません。夏場は、特に細菌が繁殖しやすい時期ですから、水が残っていても新しい水に常に替えるようにして下さい。また長期間手入れをしないとヌメリが出て、細菌の温床にもなる可能性がありますので、容器の洗浄はこまめにして下さい。

## 膀胱炎が癖になっています。予防法はありますか？

膀胱炎は、いろいろな原因が考えられます。主に細菌性膀胱炎、膀胱結石や腎臓結石、高齢になると膀胱ポリープ、膀胱癌、尿道閉塞など様々な原因でいわゆる膀胱炎症状を引き起こします。

従って、上記の何が原因で膀胱炎を起こしているのかを調べ、対応する必要があります。

動物病院で診断がついているのであれば、その指示に従って治療してゆけば良いと思いますが、まだ診断がついていないならば診察を受けて上記の病気にあった治療が必要になってきます。膀胱炎は慢性化するととても厄介です。慢性化すると漢方療法や静菌作用のあるサプリメント（ナタマメ等）の長期投与も考慮すべきです。

## 手や指の間を舐めるのですが、ストレスからでしょうか?

イヌが手や指の間を舐めるのは、痒みや痛みといった刺激があって舐めることが一般的ですが、ストレスのような精神的な原因で舐める癖がつくイヌもいます。手や指の舐めている部分の皮膚や被毛の状態をよく観察してみる必要があります。決まった肢先だけを舐める場合は、皮膚炎や外傷、異物（トゲ）、腫瘍などによって舐めている部位に違和感を感じていることがあります。舐めるのが両方の前足であったり、後ろ肢も舐めるというように複数の肢先を舐める場合は、アレルギー性皮膚炎（食物有害反応やアトピー性皮膚炎、接触性皮膚炎）や、まれに免疫介在性皮膚炎のこともあります。舐めている部位に腫れや痛みがなく、皮膚にも炎症等の異常が全くない場合は、心因性の原因（いわゆるストレス）のこともあります。

## 床ずれとなってしまったときの治療法はありますか？

床ずれ（褥瘡《じょくそう》）は、通常ある程度体重のある中型犬以上のイヌが老衰や脊髄神経の障害などで動けなくなったときに発生しやすく、寝たきりで筋肉が落ちたイヌでは、肩や骨盤および股関節部分などの骨が突出している部位に短期間で発生することがあります。基本的な治療の手順は、まず周囲の毛を広めに刈り、ぬるま湯等で汚れをきれいに除きます。汚れや壊死組織を取り除いたら、創面《そうめん》を保護するために覆います。このとき、床ずれ（褥瘡）は壊死組織がとけて、肉芽《にくが》組織という傷の治癒に必要な組織が増殖しやすいように、傷が乾燥しないような方法で覆います。少しコストがかかりますが、褥瘡部にくっつかず湿潤状態を保つタイプのパッドやドレッシング材が利用できます。また、安価な方法として食品包装用のラップを用いる方法もあります。褥瘡の治療は傷の手当てだけでなく、局所の圧迫をさけ周囲の血液循環を改善することも大切です。寝たきりのイヌでは柔らかい敷物を厚めにするなど、体圧を分散させる工夫が必要です。

## 病気予防、早期発見のために、何歳からどのような検査をすればいいでしょうか？

子イヌから老犬まで、その時々に気をつけたいことがあります。生後2～3カ月から飼育し始めることが多い子イヌのときには、消化管の寄生虫をはじめとする感染症や先天性疾患がないかなど、ワクチン接種で動物病院を受診する機会も含めて何度か健診を受けると良いでしょう。ワクチン接種が完了したあとも、成犬になるまではフィラリア症予防薬の投与量を確認するための、定期的な体重測定等で健診を兼ねた受診をおすすめします。小型犬の膝蓋骨内方脱臼《しつがいこつないほうだっきゅう》や大型犬の股関節形成不全など、成長過程で発見される疾患があります。

成犬になってからは、健康状態に異常がなければ毎年のワクチン接種やフィラリア予防などの機会を利用して年に2回くらいの血液検査をおすすめします。また、できれば胸部と腹部のエコー検査も受けられると良いでしょう。8歳から10歳を過ぎると、徐々に体調に変化がみられるようになります。老化や体調の変化には犬種や個体差があります。この頃からは主治医と相談して健診の間隔を決めるのが良いでしょう。

## 心臓の悪いイヌが、明け方に、首を突き出し大声で鳴くのですが、どんな理由があるのでしょうか？

心臓疾患があるイヌでは「咳」の症状がよく見られます。「首を突き出して大声で鳴く」とのことですが、「グエー」と喉を鳴らせて痰を吐くような動作ではないでしょうか。心疾患があると肺の血液循環が障害されて肺に血液が滞った状態（うっ血）となり、肺に水分が溜まってきます（肺水腫）。夜間や就寝中は体の中心に血液が集まることも、肺のうっ血を起こしやすくします。そのため、明け方起きたときに首を伸ばして痰を吐くような咳をしていることが考えられます。

## 食べ物で健康や寿命に差が出ますか？

人と長く暮らすうちに雑食となったイヌですが、本来は肉食です。あごや歯の形、胃や腸の働きなどが人間のものとは大きく異なります。例えば、歯は食物を切り裂くようにできていて、噛む、あるいはすりつぶすなどの働きが十分ではありません。腸も短いので、炭水化物の消化は苦手です。人と同じ食事では、健康面で様々な不都合が出てきます。また、イヌは脂肪をエネルギー源としているので、本来は脂肪の多い食事が適しています。けれども、適切な量を上回ると、とたんに肥満の恐れが出てきます。結果的に、心臓・関節の疾患、糖尿病などの発症につながります。不適切な食べ物で健康が障害されれば、生活の質が著しく悪くなり、短命になってしまいます。質の良いドッグフードを適量食べることが、健康で長生きの大きな要素です。

## 肥満犬に与える食事はどのようにしたらいいでしょうか？

1週間で体重の1％程度の減量が適正だとされています。現在のドッグフード摂取量から少量減らし、様子を見ながら2～3日ごとにさらに少量ずつ減らしていきます。また、目標体重になるまでは、おやつも控えましょう。おやつの時間を一緒に遊ぶ時間にかえれば一石二鳥です。食事の量を減らすことで、いつもお腹がすいているようなら、一日の量を2～3回に分けて与えましょう。それでも、なお、肥満の改善が見られないようなら、動物病院に相談し体重管理用の専門フードを与えて下さい。

## おやつを与えながらの減量はできますか？

減量中はおやつをあげないほうが、本当は良いのです。なぜなら、ドッグフードと異なり、おやつの定番のジャーキーやビスケットなどはとても高カロリーで、トータルカロリーを把握するのが難しいからです。イヌは主食もおやつも区別がついていません。イヌにしてみれば、よりおいしい高カロリーの食べ物（ジャーキーやビスケットなど）を欲しがるのは当然です。減量用フードを食べずに、ジャーキーやビスケットなどのおやつがもらえるまで待つことになりかねません。おやつを心の栄養とする考えもありますが、減量中はおやつを控えるのが一番です。どうしてもおやつの習慣をというときは、一日量のドッグフードの中から取り分けて、それをおやつにしましょう。

## ダイエットはどのように行えばいいでしょうか？

ダイエットを行うときに一番大切なことは「急激に痩せさせない」ということです。1週間で体重の1％程度の減量が適正だとされています。ドッグフードの一日量を、目標となる体重の適正カロリーに合わせます。体重に見合った量や適正カロリーは、ドッグフードの袋に明示されています。また、与える回数も1日1回よりも2回、2回よりも3回、しっかりダイエットを目指す場合は、5〜6回くらいに分けるのもおすすめです。回数を分けて与えることで、イヌの空腹感を和らげる効果があります。原則、おやつは類は禁止ですが、どうしてもというときは、おやつも一日量のフードの一部として与えます。また、肥満犬のための減量目的の専用フードがありますから、動物病院に相談すると良いでしょう。また、ダイエットがなかなかできない理由に、家族全員の協力が得られていないということがあります。誰かがこっそりとおやつをあげるようなことはないようにして下さい。

## 太っているか痩せているかを判断する方法はありますか？

まずは、愛犬の脇腹に手を当て、体のラインに沿ってゆっくりと触ってみましょう。肋骨が出っ張っていれば痩せ過ぎです。それぞれの肋骨を感じることができ、ウエストがわずかにくびれていれば、体重は適正です。肋骨がなかなか触知できず、ウエストのくびれもなく、腰背部が平坦でさらに腹部が張り出している場合は肥満と言えます。

＊愛犬が肥満かどうかを評価できる目安として、ボディコンディショニングスコア（BCS）と呼ばれるものがあります。痩せ過ぎから太り過ぎまでを5段階で評価します。特に肥満が気になる場合やチェック方法がよくわからない場合は、動物病院に相談して下さい。

## 手作りダイエット食で注意することは？

手作りのダイエット食で注意することは栄養のバランスです。中でも低タンパク血症は、血液中のタンパク質が何らかの原因で正常よりも減少している状態を言います。おおまかに言うと次のような原因があげられますが、原因によって必要な食事も異なります。

1. 栄養不良や長期にわたる低タンパク食により、タンパク質をつくる原料が不足している
2. 肝炎や肝硬変など、タンパク質の合成に関わる肝臓に重度の疾患がある
3. 腎疾患《じんしっかん》により多くのタンパク質が尿へ排泄される
4. タンパク質が消化管から漏れ出てしまう疾病がある

健康なイヌなら手作り食も考えられなくはありませんが、疾患のあるイヌの場合、しっかりした食事管理が求められます。動物病院に相談し、低タンパクの所見があれば、原因に合った専門フードを与えることをおすすめします。

## 牛肉が大好きです。一日何kgまで与えていいのでしょうか？

野生下では肉食と言われるイヌも、エサとする草食動物のすべてを食べることでバランスが保てます。与えてよい肉類は、イヌの体重の1～2％だとか食総量の20～30％だとか言われていますが、やはり、ドッグフードを主体にした食事が望ましいでしょう。どうしても与えたいときは、脂肪分の多くない肉で茹でたものを、ドッグフードの量の10％を超えない範囲で与えましょう。

## 温泉は効果があるのでしょうか?

温泉につかることでイヌがリラックスする効果はあるようです。椎間板ヘルニアや運動器疾患に対してプールを使うことで体の負荷を減らしながらリハビリをすることもありますので、温泉にもそういう利用法があるかもしれません。温泉につかることで皮膚病が良くなったという話を聞くこともあります。アトピーのマウスに対して使用したところ良化したとの報告もあるので、泉質にも左右されると思いますが、イヌの皮膚病にも効果があるかもしれません。

## イヌの血液バンクはありますか?

人間のような全国規模の血液バンクは残念ながらイヌネコにはありません。輸血が必要な場合、多くは個々の動物病院で対応をしています。小さな病院で対応が難しいときには、輸血ができる大きな動物病院で輸血してもらうこともあります。

## 肛門腺が何回か破れてしまいましたが、絞っても出ないイヌはどうしたらいいですか？

過去に肛門嚢炎《こうもんのうえん》をおこして自壊したことがあると、絞っても出にくくなることがあります。肛門腺の絞り方には多少のコツがありますので、動物病院で絞ってもらい、そのときに絞り方を習って練習すると良いでしょう。絞りにくいときは、手袋をして人差し指を肛門に挿入し、親指と人差し指で片方ずつ絞る方法がおすすめです。正しく絞っても出ない場合は、一度肛門腺の出口から細い管を入れて管が詰まっていないかを確認することもできます。「肛門腺が何回か破れた」とのことですので、すでに出口が閉塞してしまっていることが考えられます。絞っても出ない場合は、定期的に注射針を刺して吸引除去するか、手術で肛門腺を摘出する方法があります。

## グルーミングを毎日行っていますが、効能効果があまりよくわかりません。注意することはありますか？

毎日グルーミングしておられるのは素晴らしいことです。「効能効果があまりよくわからない」とのことですが、もともと愛犬の外観に全く異常がないからではないでしょうか。ブラッシングやシャンプーが過ぎると逆に皮膚を傷めることがあります。金属のクシなどで地肌を強く刺激し過ぎないように注意しましょう。毎日のグルーミング時に観察するポイントを以下にあげます。①脱毛したり毛が短く切れたようになっているところがないか。フケやカサブタの目立つところがないか。指やパットの間、耳の中も赤みや汚れがないか観察しましょう。②爪が伸び過ぎていないか。③目ヤニが多くないか。④胸やお腹をなでたときに肋骨がわからなければ太り過ぎです。

## 薬を飲ませるときに、ほかのものと一緒に飲ませています。ほかにいい方法はありますか？

どうしても薬を飲ませられないイヌがいるなかで「ほかのものと一緒に飲めている」のはなかなか立派です。最近は、イヌが好む香りをつけた錠剤や、薬を埋め込むような形のサプリメントもありますから、動物病院に相談されると良いでしょう。普通の薬だけを飲ませるには、薬の形によって幾つか方法があります。「錠剤」の場合、利き腕に薬を持ってから上唇を押し込むように上からイヌの上あごの両側の犬歯の後ろを利き腕の反対側で持ち、上を向かせて口を開き、なるべく舌の付け根の奥に薬を押し込みます。薬を入れたらイヌが飲み込む動作をするまで少し上を向かせたままで口を閉じて喉をなでます。「粉薬」は、カプセルに詰めたり、薬によっては少量の水で練ってお団子にして錠剤のように飲ませることができます。また、濡らした指に薬をつけて上あごにすりつける方法や、頬の内側に粉薬を入れて頬を外からマッサージすることで粉薬を唾液と混ぜて飲みこませることもできます。「液体の薬」は、スポイトやプラスチックの注射器を用いて少し上を向かせたままで、犬歯の後ろにゆっくり流し込んで飲ませます。

## 耳だれがありますが、医者に行くのを嫌がります。どうしたらいいですか？

耳だれがあるのを放置しておくことは良くありません。イヌの耳には下に向かう垂直耳道から90度曲がって鼓膜に向かう水平耳道があり、人よりも鼓膜までの距離も長いので、ただ覗いただけでは十分に耳の奥まで観察することができません。

外耳炎であっても、慢性化すると耳の穴が狭くなって治療が難しくなることがあります。早期に一度きちんと診察を受けることをおすすめします。耳の診察を嫌がって暴れるようであれば、口輪をして検査を受けると良いでしょう。それも難しければ、獣医師と相談して鎮静剤を投与したり、短時間の麻酔をかけて検査を受けるのも良い方法です。耳の炎症が激しい場合、痛みをともないますから短時間の麻酔をかけることはイヌに対して苦痛を与えることもなく、また十分な観察と処置ができるなど、メリットの多い方法です。

## ミニチュア・ダックス3匹が、それぞれ、門脈シャント、脊髄軟化症、自己免疫異常になりました。この犬種は病気に弱いのでしょうか？

ミニチュア・ダックスフンドが、門脈体循環《もんみゃくたいじゅんかん》シャントの好発犬種ということはありません。近年、診断技術の向上によって門脈体循環シャントと診断されるイヌは、増加傾向にあります。

脊髄軟化症《せきずいなんかしょう》は椎間板ヘルニアで脊髄神経が重度のダメージを受けたときに発症し、残念ながら椎間板ヘルニアはダックスフンドに多くみられます。

自己免疫異常については、形質細胞性鼻炎やリュウマチ様関節炎、肉芽腫性脂肪織炎《にくがしゅせいしぼうしきえん》などの発生が知られています。ダックスフンドに限らず、どの犬種にもいくつか好発傾向のある疾患が知られています。ダックスフンドがほかの犬種に比べて特に病気に弱いということはありません。

## 血液検査は1年に1回受けていますが、尿、便も検査したほうがいいのでしょうか？

尿検査では、膀胱炎や尿石症の有無だけでなく、尿比重や尿タンパクなどを見ることができ腎疾患の発見につながります。便検査では、寄生虫の感染の有無などがわかるため、健康診断のひとつとして定期的に行われたほうがいいでしょう。また、血液検査も高齢になってくれば、行う間隔を短くしたほうがいいと思います。

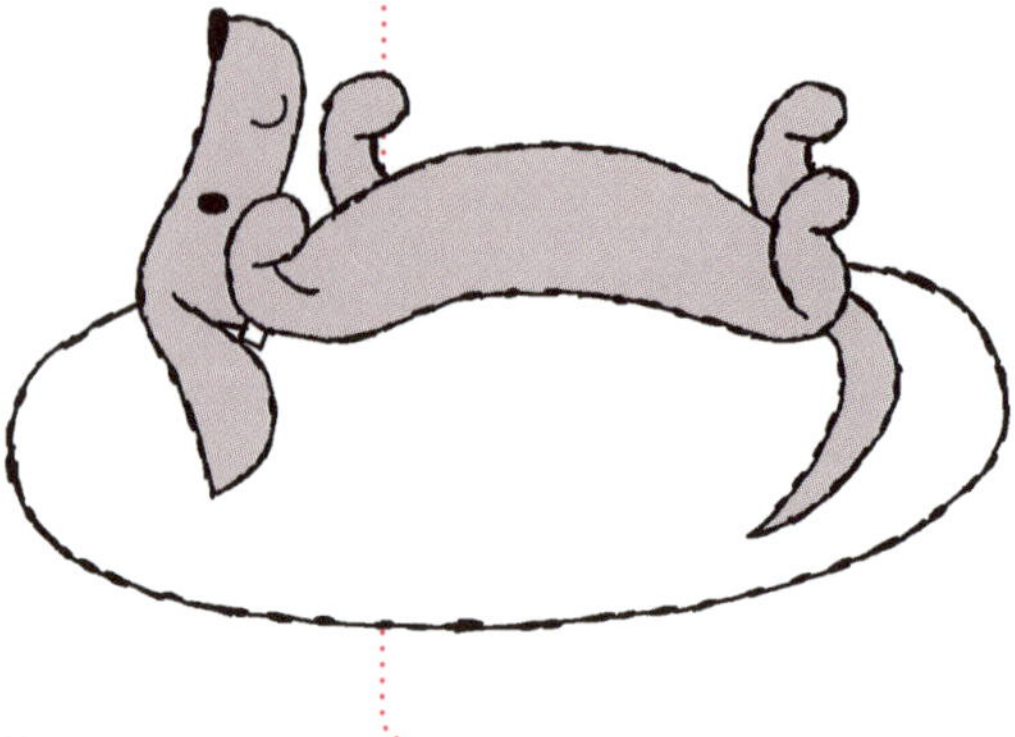

## イヌにも人間と同じように「ツボ」はありますか？ 健康にいいツボは？

ツボはあります。伯楽《はくらく》が鍼灸《しんきゅう》で馬を治療してほぼ3千年。

１９７０年代、イヌや家畜の手術が鍼麻酔で行われ、ツボの力が知れ渡りました。

重要なツボは、肘、膝から下、背中、文字通り凹んで感じられる所です。

## 人間用の蚊取りマットを使っていますが、問題ありませんか？

使用する状況、空間の広さ、薬剤に暴露される量次第では、神経毒性を発現する場合もないとは限りませんので、メーカーの使用上の注意に従って使用後は換気を十分に行いましょう。

## 長生きさせるコツはありますか？

イヌの健康長寿のコツは、避妊・去勢の手術以外は、基本的には人と同じです。

### 1　肥満予防

様々なドッグフードが販売されています。イヌの年齢や状態に合ったフードを選び、適切な量を与えましょう。おやつの与え過ぎにも注意が必要です。栄養過多にならないように食事の量を調節しても、肥満が改善できないときは動物病院に相談しましょう。場合によっては、療法食に切り替える必要があります。

**2　適度な運動**

散歩を日課にすることで、運動量は確保することができます。散歩は、体力や筋力の維持だけでなく、脳の機能にも良い影響があります。また、飼い主との絆が深まり、ストレスが軽減するので長生きにつながります。

**3　病気や感染症の予防**

狂犬病の予防接種だけでなく、混合ワクチンの接種やフィラリア予防薬の服用などで、命に関わる重い病気を予防することができます。また、ノミやダニについても、駆除効果の確かな薬を用いることで、様々な感染症を防ぐことができます。ワクチン接種やフィラリア予防などで動物病院を訪れるときに、同時に定期健診を行うようにすれば、予防のできない病気の早期発見ができ、適切な治療を受けることができます。

**4　健康な歯を維持する**

丈夫な歯は、健康維持の重要な要素です。歯垢を残さない歯磨きを習慣にするのが理想ですが、イヌが嫌がる、手間がかかるなどの理由で、気づいたときには白かった歯が歯石で覆われているようなことも。歯石は細菌のすみかです。放っておくと、歯肉組織や歯周組織に炎症が広がり歯周病に進みます。重度な歯周病は、健康な歯を失うだけでなく、心疾患や腎疾患を発症すると言われています。時々口の中をチェックして、口臭や歯石、歯肉の色などに注意し、気になることがあれば、早めに動物病院に相談しましょう。

**5　適切な時期に去勢・避妊の手術を済ませる**

去勢・避妊の手術を行うことで、生殖器関連の病気を予防することができます。また、繁殖にともなうストレスから開放され、リラックスして過ごすことができ長生きにつながります。

# 病気・けがについて DOG

## 寝る前に茶色の血尿が出ました。どうしたらいいでしょうか？

血尿は、何らかの原因で尿の中に血液が混ざった状態であり、腎臓、尿管、あるいは膀胱のいずれかからの出血を意味します。最も多い原因は、膀胱炎、尿石症、および膀胱腫瘍ですが、ほかにもいろいろな病気で起こり、血尿以外にも溶血《ようけつ》によって尿が茶色や赤くなる場合もあるので、動物病院で尿検査やエコー検査によって原因を調べる必要があります。血尿の程度は様々なので、動物病院を受診する際、可能であれば認められた血尿の写真や、血尿の付着したシーツあるいは尿を持参すると良いでしょう。

## イヌの腎不全とは？

腎不全《じんふぜん》は、何らかの原因によって腎臓の機能が障害を受けてしまい、体内の老廃物の排泄や水分・電解質のバランスの調節などの異常が生じる状態のことです。腎不全には急性と慢性があり、原因はそれぞれ異なります。急性腎不全は、中毒や感染症あるいは尿の排泄障害をともなう尿路結石の尿路閉塞《にょうろへいそく》によっても起こります。一方、慢性腎不全は、老齢性の心臓病や腎臓病などによる場合が多く、腎臓の中にある濾過装置の$\frac{3}{4}$以上が機能しなくなると腎臓機能検査に異常が現れます。急性腎不全では、乏尿《ぼうにょう》や無尿となってオシッコが出ないことがありますが、慢性腎不全ではお水をたくさん飲んで薄い尿がたくさん出る多飲多尿《たいんたにょう》を示すことが多いのが特徴です。腎臓は、予備能力に優れている臓器の1つですが、一度ダメージを受けると再生能力が乏しい臓器であるため、予備能力がなくなった時点で突然症状が現れることも少なくありません。また、人では末期の腎不全患者における最終的な治療法として透析や腎臓移植が確立していますが、イヌではいずれも現実的ではありません。このため普段から適切な食事管理と定期的に動物病院で腎臓機能をチェックしてもらうことが大切です。

## イヌの膀胱炎とは？

膀胱内に何らかの原因で炎症が起こった状態です。最も一般的な原因は細菌感染で、時に膀胱内の結石が原因となることもあります。細菌感染による膀胱炎は、人間と同じようにオスよりメスのほうがかかりやすいと言われています。症状は、少量の尿を頻回《ひんかい》に行う頻尿や、排尿時の疼痛《とうつう》が一般的で、尿が濁っていたり、血尿が認められたりすることもあります。また、イヌでは尿のにおいが普段よりきつくなることもあります。膀胱炎は、慢性化することも多く、一旦よくなってもストレスが加わったときに再発しやすい病気です。膀胱炎は、尿の検査で容易に診断でき、膀胱結石の有無は超音波検査によって簡単に調べることができます。膀胱炎は、適切な治療によって改善する病気ですが、慢性化すると治療に時間がかかるばかりでなく、腎臓病や膀胱腫瘍の原因になることもあるので、疑わしい症状が認められる場合には、早期に動物病院で検査を受けることが大切です。

## 皮膚糸状菌症《ひふしじょうきんしょう》とは?

皮膚糸状菌症とは、皮膚糸状菌群に分類される真菌（カビ）による皮膚の人畜共通の感染症です。皮膚糸状菌は、罹患《りかん》した人や動物との接触によって感染しますが、土壌中など環境中に常在している菌もあります。免疫の弱っている幼弱動物や、ほかの皮膚病や外傷により皮膚のバリアーが弱っていると感染しやすくなります。感染した皮膚糸状菌は、表皮の角質層、被毛、爪鉤《そうこう》において増殖し、感染部位を中心に円形の脱毛もしばしば認められ「リングワーム」と呼ばれ、脱毛はフケをともない円形に広がっていきます。かゆみをともなわないことが特徴とされていますが、二次的に細菌感染を合併するとかゆみを示します。治療は、限局性の場合には抗真菌剤《こうしんきんざい》の外用薬を用いますが、全身性の場合には内服薬を服用します。適切な治療ですぐによくなる病気ですが、人に伝染したり、子イヌでは全身に広がって死亡したりすることもありますので、疑わしい場合には早めに動物病院で診断してもらう必要があります。

## 尿路結石症《にょうろけっせきしょう》とは？

尿路結石症は、腎臓から尿道までの尿路に結石ができる病気です。尿路結石の成分は、いろいろありますが、最も多いのはシュウ酸カルシウム結石とストルバイト結石です。不適切な食事や尿路感染症は、尿路結石の一般的な原因ですが、門脈《もんみゃく》の奇形や後天性肝臓病で認められる門脈体循環シャントと呼ばれる病気のイヌでは、3割近い確率で尿酸アンモニウム結石が認められます。膀胱結石のイヌでは、頻尿や血尿などの膀胱炎の症状がよく認められる症状ですが、腎臓結石の多くは無症状で、超音波検査やCT検査などで偶然発見されます。尿管結石は、腎臓内の小さな尿結石が尿管に入り込んだ状態です。人では、激しい痛みが特徴なのですが、イヌでは症状が不明瞭であったり、そのほかの腹痛やときには椎間板ヘルニアと誤診されたりすることもあり、診断が難しいことがあります。また、尿管結石により腎臓からの尿の排泄障害が長期化すると腎臓が風船のようにはれあがる水腎症《すいじんしょう》を引き起こしたり、細菌感染により腎臓の機能が失われたりすることもあります。尿路結石症の治療は、原因や結石の場所ならびに症状の有無により異なり、内科的治療と外科的治療があります。

## 胃拡張・胃捻転症候群《いねんてんしょうこうぐん》とは？

胸の深い大型犬に多い病気ですが、ミニチュア・ダックスなどの小型犬でも発生します。この病気は、胃がぐるりとひっくり返ることにより生じ、胃がどんどん拡張し、外から見てもお腹の上のほうが見る見る大きくなります。吐こうとしても吐けない症状を示せば要注意です。ほとんどの場合は、緊急的な処置もしくは手術が必要で、重篤な場合には数時間で死に至ります。イヌに食事を与えた後で運動をさせないことが重要で、食事をさせてから散歩に行くとか走らせるということをしてはいけません。

## 犬パルボウイルス感染症とは？

この病気は、非常に高い致死率を有している最も怖い伝染病の1つです。このウイルスに感染すると嘔吐、下痢を示し、血便になり、重症例では死に至ります。ほとんどは子イヌで、経験的には飼育してから1週間以内に発症することが多い病気です。犬パルボウイルスは、猫パルボウイルスから派生したものと言われています。感染力が非常に強く、アルコールでは死なずに、環境中でも2年間も感染力を維持しています。感染源は排便や吐物です。強毒型だと24時間以内に死亡することもあります。パルボの検査キットが販売されており、白血球の著しい減少が見られますので、診察時にパルボ感染が診断可能です。特に、子イヌのときのワクチン接種は非常に重要です。

## 嘔吐の原因には何が考えられるでしょうか？

イヌやネコは人と比べ、嘔吐しやすい動物です。生理的なところでは、空腹、食べ過ぎ、便秘、いきみなどでも嘔吐しますし、恐怖や緊張などの精神的なことでも嘔吐します。胃腸の病気としては、胃腸炎、潰瘍、幽門狭窄《ゆうもんきょうさく》、腸閉塞など、また、肝臓疾患、胆嚢疾患《たんのうしっかん》、膵炎《すいえん》などでも嘔吐を示します。

胃腸には全く関係がない病気でも嘔吐を示すことがあり、呼吸困難、発咳《はつがい》、腎不全、心不全、脳疾患、前庭疾患《ぜんていしっかん》、てんかん様発作などがそれに当たります。その他に異物誤食、乗り物酔い、尿路閉塞、中毒、腫瘍、感染症（パルボウイルス感染症など）、ホルモン病でも嘔吐を起こします。嘔吐を示す病気には、軽度なものもありますが、持続性もしくは高頻度の嘔吐は大きな病気が隠れていることが多いので、手遅れにならないように早めに動物病院で検査をして下さい。

## 心臓の弁が切れたらどのようになるのでしょうか？　また、その原因は？

心臓には4つの弁がありますが、基本的に弁が切れることはめったになく、弁自体が厚く団子状に変性していくほうが一般的です。「切れる」というので一番問題なのは、僧帽弁《そうぼうべん》を左心室の壁につないでいる腱索《けんさく》という糸みたいなものが断裂したときです。大きな腱索が切れると、左心室から左心房へ血液が逆流し、急激に肺に水が溜まってくる肺水腫を合併します。イヌは、とたんに呼吸困難を示し、重度だと死に至ります。心臓の弁が損傷を受けるのは、加齢や遺伝的な要因になります。

## 腎臓が悪く補液していますが、回数が多いほうがいいのか、2カ月ほど入院して点滴するほうがストレスは少ないでしょうか？

どの程度の腎臓疾患かの程度にもよりますが、病状によっては1週間の間に頻回の補液が必要かもしれません。どのような理由で2カ月の入院が必要なのかがわかりませんが、必要な治療であっても治療を優先するか、飼い主と離れるストレスをかけないことを優先するかは、最終的には飼い主が決断をしなければいけません。かかりつけの先生にしっかりと今後の治療方針について、ご相談下さい。

## イヌから人間（人間からイヌ）にうつる病気はありますか？

人と動物どちらもかかってしまう病気のことを「人と動物の共通感染症（ズーノーシス）」といいます。人にも感染するイヌの感染症の代表的なものとしては狂犬病やレプトスピラなどが挙げられ、どちらもイヌには予防のできるワクチンがあります。特に、狂犬病は人だけでなくすべてのほ乳類にうつる可能性があり、発症するとほぼ100％死に至る恐ろしい病気です。そのため狂犬病は、法律によってワクチンの接種が義務づけられています。そのほか、ノミやダニといった寄生虫にも注意が必要になります。また、ペットがウイルスや細菌に感染したとしても症状がみられないことがあり、知らないうちに人が感染することがあるので要注意です。

## イヌやネコに人間の風邪はうつりますか？

風邪というのは、ウイルスや細菌などの感染によって鼻や口、のどなどに炎症を起こす症状を言いますが、風邪の症状を起こすウイルスにはたくさんの種類があります。

ただ人とイヌ、ネコではそれぞれ症状を起こす原因となるウイルスの種類が違うのでお互いの風邪がうつることはありません。

## レトリーバー系がかかりやすい病気には何がありますか？　また、その予防策は？

股関節の遺伝性の病気で「股関節形成不全」というものがあり、跛行《はこう》が見られたり腰を左右に振って歩くなどの症状が現れます。1才までくらいの成長期にカルシウムを過剰に与えたり、体重がオーバーになると悪化することが知られています。また、大型犬では拡張型心筋症にもなりやすいので、咳や運動不耐性などの有無に注意しましょう。

## マダニの駆除方法は？

すでにマダニがついていた場合、速やかにマダニ駆除薬の投与を行って下さい。そして無理にとろうとせずに、動物病院に相談して下さい。マダニの吸血刺には、セメント様物質で硬化された上にかえしがついており、無理にマダニをはぎ取ろうとすると口器だけ残ってしまうためです。マダニは、吸血が終わると自然と離れていきますが、マダニ媒介性疾患（バベシア症など）の感染が成立する可能性が残されます。

## マダニが原因とされる、バベシア症とは？

マダニの吸血によりバベシアという原虫がイヌの赤血球に寄生して、赤血球が壊されて貧血、発熱、黄疸など様々な症状を引き起こします。また一度感染するとキャリアーとなってしまい、再発も多く見られます。

## ノミの駆除方法は？

ノミがすでに寄生している場合、速やかにノミマダニ駆除薬（現在は、スポットタイプや経口投与薬もあります）の投与を行って下さい。

## 獣医師からアジソン病に気をつけるように言われました。予防策はありますか？

アジソン病は、副腎《ふくじん》皮質《ひしつ》機能《きのう》低下症《ていかしょう》ともいい、副腎のホルモンの分泌が十分にできなくなる病気です。好発犬種として、コリーやグレート・デーン、スタンダード・プードルなどの大型犬やウエスト・ハイランド・ホワイトテリアなどが知られています。アジソン病の症状として、食欲減退、慢性的で間欠的な嘔吐や下痢、ショックなどがあげられますが、アジソン病は予防できる病気ではありませんので、何か異常な症状があれば動物病院を受診しましょう。

## いつも体がかゆいのか、舐めたり引っかいたりしています。何かの病気でしょうか？

かゆみをともなう皮膚炎の可能性が考えられます。かゆみをともなう皮膚炎の主なものに、アレルギー性皮膚炎がありますが、そのほかに細菌や真菌による感染性皮膚炎や、ノミ・疥癬虫《かいせんちゅう》・毛包虫《もうほうちゅう》（ニキビダニ）・耳ダニなどの寄生虫性皮膚炎もかゆみを呈します。アトピー性皮膚炎や食物過敏症では、目の周囲や耳介《じかい》、肢先、腋窩《えきか》（腋の下）、口の周囲などに炎症が見られます。舐めたりかいたりして皮膚の見た目が変化しますので、素人判断は危険です。脱毛や落屑《らくせつ》（フケ）、皮膚の炎症があるかどうか、ノミやダニがついていないか良く観察し、異常があれば主治医に相談しましょう。皮膚炎がない場合にもイヌは心因性の皮膚炎として体の一部を舐めたりかいたりすることがありますので、やはり皮膚炎がないか主治医にみてもらうのが良いでしょう。

## トリミングから戻ったら、左右の耳をかゆがります。どうしたのでしょうか?

トリミング中サービスの一環として耳掃除をしてくれることが多いのですが、適切な時期を超過したトリミングによって外耳処置を行うと、違和感が残っているケースから、すでに外耳炎を起こしているケースまで様々です。翌日になっても継続するようでしたら動物病院を受診して下さい。

## おでこに小さなおできみたいなものができています。ニキビでしょうか?

イヌでニキビはまれなケースであり、むしろ年齢のことを考えると腫瘍の可能性を否定できません。動物病院を受診し、検査や治療を行うことをおすすめします。

## イヌも口内炎になるのでしょうか?

イヌも口内炎になりますが、その原因をはっきりさせる必要があります。口腔内《こうくうない》での歯の噛み合わせが悪いのか、歯石による影響なのか、異物や刺激物によって傷ついたのか、または腫瘍の初期なのかなどを考える必要があります。

## 時々脚を引きずって歩くのですが、このようなときに、散歩させていいものでしょうか？

時々足を引きずって歩く場合は、関節や靭帯、神経に異常がある場合が考えられます。

また足の裏がかゆい、痛い場合も同様な症状が見られますので、まずは動物病院で診察を受けて下さい。足を引きずる原因がわかればそんなに心配することではなかったり、日常の生活での注意点がわかります。

## 50センチくらいの高さから落ちて以来、前脚を引きずって歩いています。医者に行ったほうがいいのでしょうか？

骨折やねんざ・神経損傷などが考えられます。痛みが激しい場合は、動物病院へ受診して下さい。即座に受診が難しい場合には安静を保ち、時間の経過とともに痛みが改善されるかを判断してください。

## クッシング症候群とは？

別名、副腎皮質機能亢進症《ふくじんひしつきのうこうしんしょう》と言われています。

体内の副腎皮質ステロイドホルモンが過剰分泌され、多飲多尿、皮膚症状、腹部膨満、骨格筋萎縮、肝臓腫大《しゅだい》など様々な症状を呈する症候群です。原因は下垂体腫瘍《かすいたいしゅよう》、副腎腫瘍、ステロイド剤の長期使用によるものなどが考えられます。診断は、特徴的な臨床症状とともにホルモン測定や、超音波検査による副腎の形状や大きさなどから判断します。治療は、主に内科療法が一般的ですが長期にわたることが多く、副腎腫瘍の場合には外科切除する必要も考慮します。

## 椎間板ヘルニアとは?

椎間板ヘルニアとは、脊椎と脊椎の間にある椎間板が脱出して脊髄や神経根を圧迫した状態を言います。一般に軟骨異栄養症《なんこついえいようしょう》と呼ばれる特定の犬種（ミニチュアダックスフントやビーグルなど）は若くても突発的に発症します。また、加齢にともない椎間板や脊椎が変形的に慢性経過で発症することもあります（変形性脊椎症）。症状は、場所と程度によりますが痛みを訴えるものから四肢や後肢の麻痺まで様々ですが、麻痺した脚が痛みに反応しなくなる（深部痛覚）ほど重症度が高いとされています。治療は、痛みだけの軽度なものなら安静や薬物などの内科治療、麻痺をともなう重度なものは手術が必要です。

## 椎間板ヘルニアになり、運動制限をされています。ドッグカフェには行ってはいけないでしょうか？

椎間板は頸椎《けいつい》から尾椎《びつい》の椎骨《ついこつ》と椎骨の間に存在し、椎間板の中心には髄核《ずいかく》があります。椎間板ヘルニアは、この髄核が線維輪内《せんいりんない》に漏出し神経等を圧迫する現象を言います。

イヌの病態がどの程度なのかは不明ですが、四肢の麻痺をともなわない場合は、内科的治療、四肢が麻痺した重度の症例では外科的治療となり術後は早期のリハビリ、レーザー、針、水槽での水泳などがすすめられます。後肢の神経の疎通ができず、排尿・排便の障害が残った場合は、車椅子を使用することになります。

椎間板ヘルニアの運動制限は、あくまでも急性期のみで慢性化したときは病態に応じた運動やリハビリが必要となります。

ご質問のドッグカフェですが、イヌはネコに比べて外の景色を見るのが大好きな動物であることから、歩行が困難であれば抱っこ、大きなイヌであれば、車やバギーに乗せて是非連れて行ってあげて下さい。そのほうが刺激となり良い結果になると思います。

## 獣医師から、ヘルニア気味なので、なるべく衝撃を与えないようにと言われました。静かにさせる方法は？

軽度の椎間板ヘルニアを発症したのであれば、最低2週間（6週間という先生もおられます）は絶対安静のケージレスト(排便・排尿時以外はケージの中で飼育すること）が必要な場合もあります。

その安静期以降の飼育について多くの方が悩まれているようですが、過度に動物の楽しみを奪いすぎないようにできることから始めたいものです。例えば、階段の昇り降りをしないように柵を使用する、ソファーには飛び乗らせないようにしつけをするということから始めてみると良いかもしれません。過度の運動を避けることと同じくらい大切なのが、体重管理であることも忘れないで下さい。

## 目が充血しているのですが、対処法はありますか？

白目の充血は、結膜の病気だけでなく、ドライアイ、睫毛の異常、角膜の傷、異物、強膜の炎症、眼球内の炎症、緑内障など原因はいろいろです。痛みのあることも多く、失明になる場合もあります。全身疾患が関係している場合もあります。動物病院への受診をおすすめします。

## 目の周りがただれているのですが、どうしたのでしょうか？

アトピー、免疫介在性皮膚炎、寄生虫性皮膚炎、感染性皮膚炎、眼瞼の炎症、眼瞼《がんけん》の腫瘍など原因は様々です。動物病院で診察を受けることをおすすめします。

## 黒目が緑色のビー玉のようになっています。緑内障でしょうか?

明るい所で散瞳《さんどう》（瞳孔が散大）していると、緑色のビー玉にように見えることがあります。興奮しているとき、虹彩の縮瞳筋《しゅくどうきん》が機能しないとき、網膜の病気、失明時などでは、明るくても散瞳が持続しています。

緑内障も散瞳しますが、眼圧（眼球内圧）は著しく高く、白目が充血していて、イヌでは普通視覚を失っています。痛みをともなうこともあります。慢性化すると眼球は拡大します。ネコでは、ゆっくり悪化することがあり、症状がはっきりしないこともあります。イヌとネコの緑内障の診断には、眼圧の検査が重要です。

## 黒目が白っぽくなってきました。白内障でしょうか?

年を取ると、水晶体の中心に核と呼ばれる硬い部分ができてきます。核は、水晶体の8割程度の大きなものです。水晶体の中に、核という屈折率の異なるレンズができたようなもので、この表面で光が少し反射するので、水晶体が白っぽく見えてきます。このような水晶体核は透明で、目に真正面から光を当てると、眼底からの反射光がきれいに見えます。一方、白内障は水晶体の混濁（白濁）なので、反射光の通過を妨害します。軽い白内障は、反射光の中に、黒い影として見ることができます。

なお、角膜自体の白濁、眼房水《がんぼうすい》の白濁などでも、黒目は白っぽく見えます。

## イヌ・ネコの白内障の目薬はありますか？

イヌ・ネコの白内障に使用される目薬は、その進行防止を目的としています。白内障は、水晶体蛋白質の変性と考えられ、これを治す目薬はありません。

ところで、目薬とは関係なく白内障の一部が液化して、吸収されることがあります。白内障が透明化して、治っているように見えることもあります。ただ、中身が溶け出るので、水晶体のレンズの形は変形し炎症が起こります。白内障の吸収を待つ間に、網膜剥離《もうまくはくり》や緑内障など失明する病気になることも多いです。

## 日光に当ると鼻の部分がただれてしまいます。どうしたらいいのでしょうか？

日差しが強くなる時間帯は、日光に当たらないようにして下さい。

毛が少なく、色素がないか薄い皮膚は紫外線に弱く、鼻部および背中などで、日光性皮膚症という皮膚病がみられることがあります。特に、コリーやシェットランド・シープドッグ等は鼻の上部に起こりやすいです。この状態が悪化すると、皮膚に癌ができるかもしれません。日光への暴露が避けられない場合は、サンスクリーンを塗布する方法もありますので、動物病院で診察を受けて下さい。

## 口の周りの毛色が変わってしまいました。病気なのでしょうか？

顔の毛の色は、年を取ると白くなることがあります。口腔内《こうくうない》の病気では、よだれが増えることがあり、それによって口の周りの毛の色が変わることもあります。皮膚病の影響も考えられるので、動物病院で診察を受けることをおすすめします。

## 涙が多く出るようになってきたのですが、病気ですか？

病気が疑われるので、動物病院で検査を受けて下さい。

角膜の傷、異常な睫毛による角膜への刺激、鼻涙管閉塞《びるいかんへいそく》、マイボーム腺機能不全などいろいろな原因で、目から涙があふれることがあり、涙の量が多くなることがあります。

## よだれが常に出ているのですが、病気なのでしょうか？

健康なイヌでも、エサの前などでは、よだれが出ることがあります。暑くなると、よだれが出て、口を開けて呼吸するようになります。口腔内の病気でも、よだれが出ることがあります。中枢神経疾患や吐き気のあるときなどでも、よだれが増えることがあります。セント・バーナード犬では、よだれはよく見られる所見です。

## 目をいつもしょぼしょぼさせています。何が原因なのでしょうか？

しょぼつきは、目に痛みがあるときの症状です。異常な睫毛、異物、眼瞼内反《がんけんないはん》、ドライアイ、角膜の傷、目の表面の炎症、目の中の炎症など、原因はいろいろですので、動物病院で検査を受けて下さい。

## 口臭がきついのですが、対処法はありますか？

口臭は、歯石や歯肉炎など口腔内疾患に関連していることが多いのですが、それ以外の病気で起こることもあります。健康診断を受けたほうが良いでしょう。歯石や歯肉炎などが原因であれば、治療によって口臭は消えると思われます。

## たまにむせたり、寝ているときはいびきをかきます。どこか悪いのでしょうか？

飲食物や煙が気管に入っときに、咳き込みますが、気管の異常によって咳き込むこともあります。いびきは、鼻から咽喉頭《いんこうとう》付近にかけて問題があるのかもしれません。上部気道に問題があることもあるので、動物病院で検査を受けたほうが良いでしょう。ただ、パグなどの短頭種では、いびきをかくことは珍しいことではありません。

## くしゃみをよくするのですが、どうしたのでしょうか？

くしゃみは、鼻の粘膜などに付着した物を反射的に排泄しようとする反応です。鼻炎、ちり、冷気などにより、鼻粘膜に刺激があると起こります。鼻の粘膜が過敏な状態になっているのかもしれません。

## 咳が出るようになったのですが、どうしたのでしょうか？

咳が出る原因には様々なものがありますが、主なものとして①気温の変化、②病気、③外的要因が考えられます。具体的にいうと、①気温の変化による咳は、例えば冬場に暖かい室内から散歩等で急に冷たい外気にさらされて、気管が刺激されることで起こります。②病気の原因は気管や気管支や肺に異常がある場合や心臓疾患（僧帽弁閉鎖不全症等）があげられます。③外的要因にはペンキや煙など環境による刺激が考えられます。気温や環境に原因がなく、咳が続く場合や悪化が見られる場合は病気の可能性がありますので、病院を受診しましょう。

## 耳をかゆがり、においがします。どうしたらいいでしょうか？

耳のかゆみ、耳垢の増加、耳介《じかい》の発赤《ほっせき》、異臭等がある場合、外耳炎の可能性が高いと思われます。外耳炎の原因には、細菌や真菌等の感染症、ミミダニ症、アレルギー性疾患などが考えられます。かゆがってかいているうちに傷になることもあり、悪化させないために早めに病院を受診されることをおすすめします。

## 皮膚に寄生する寄生虫には何がありますか?

皮膚や体表に寄生する寄生虫を外部寄生虫と言います。この外部寄生虫は、主にダニ類と昆虫類に分けられます。ダニ類ではマダニ類、毛包虫《もうほうちゅう》類、ツメダニ類、ヒゼンダニ類など、昆虫類ではハジラミ類、シラミ類、ノミ類がよく知られています。また特殊な外部寄生虫症としてハエウジ症があります。

## 腸に寄生する寄生虫とは?

イヌの消化管に感染する寄生虫で代表的なものには犬回虫《いぬかいちゅう》、犬鞭虫《いぬべんちゅう》、犬鉤虫《いぬこうちゅう》、瓜実条虫《うりざねじょうちゅう》、マンソン裂頭条虫《れっとうじょうちゅう》、壺形吸虫《つぼがたきゅうちゅう》などがあげられます。犬回虫は、主に犬回虫に感染した母イヌの胎盤や乳汁から感染します。犬鞭虫は、感染したイヌの糞便とともに排出された虫卵が口に入ることで感染します。犬鉤虫は、幼虫が口もしくは皮膚から入ることで感染します。瓜実条虫は、感染したノミを食べてしまうことで感染します。マンソン裂頭条虫と壺形吸虫は主に、ヘビやカエルを捕食することで感染します。これらの寄生虫が感染すると嘔吐や下痢などの症状や発育不良がみられる場合があります。ワクチン接種時等で定期的に糞便検査を動物病院で行うことをおすすめします。ただし、瓜実条虫の虫卵は、糞便検査で検出することができないので糞便中に虫体がみられましたら病院に持って行って下さい。もし、イヌに寄生虫が感染していた場合、人にもうつることがまれにありますので、イヌ（特に排泄物）に触れたあとはこまめに手を洗うようにして下さい。

## 嘔吐物がとても臭いのですが、病気なのでしょうか？

嘔吐の原因には、胃腸などの消化管障害だけでなく腎臓や肝臓、すい臓の疾患など多くのことが考えられます。嘔吐物がとても臭い場合、吐糞《とふん》をしている可能性もあり、その場合腸閉塞を起こしていることが考えられます。食欲低下や嘔吐頻度が増加するようでしたら早期に嘔吐の原因が何であるのかを動物病院で検査することをおすすめします。

## 6歳で避妊手術をしたのですが、昼寝のときにおねしょをします。病気でしょうか？

尿失禁の原因には①膀胱結石などの泌尿器系の異常、②椎間板ヘルニアなどの神経系の異常、③糖尿病や副腎《ふくじん》皮質《ひしつ》機能《きのう》亢進症《こうしんしょう》などの基礎疾患による水の多飲、④避妊手術によるホルモンバランスの変化、⑤老化による尿道括約筋《にょうどうかつやくきん》の弛緩などが考えられます。尿失禁の原因を明らかにするために動物病院を受診されることをおすすめします。

## 食後、床や人の手足を舐めるのは病気のサインでしょうか？

ストレスが溜まっているとそのような行動をとる場合があります。散歩の時間や家での遊びの時間を増やしてみて下さい。また、過剰な食欲が出てしまう糖尿病やホルモンの病気などがそのような行動につながっている場合もありますので、血液検査などで確認してみてはいかがでしょうか。

## チェサピークとラブラドールのミックスですが、いつも目や口の周囲が赤く腫れ、指の間がじくじくしています。検査の結果、アレルギーと言われましたが治りますか？

チェサピーク・ベイ・レトリーバーは、好発品種とは言えませんが、ラブラドール・レトリーバーはアレルギー性皮膚炎の好発品種です。そのミックス犬で目や口の周り、そして足先の皮膚病変にかゆみをともない、皮膚の細菌や真菌（カビ）の感染症および外部寄生虫症が除外されているのであれば、アレルギー性皮膚炎の可能性は高いと思われます。アレルギー性皮膚炎なら治ることは難しいですが、もし1年を通して症状がみられるなら食物アレルギーの可能性もあるのでアレルギー食による食事療法だけで症状が改善または軽減するかもしれません。季節性に症状がみられるなら犬アトピー性皮膚炎の可能性が高いので、その場合は症状の軽減を目的にかかりつけの動物病院で継続的に治療を行う必要があると思います。

## 最近食べたものを未消化のまま吐き出すようになりました。何が考えられますか？

イヌは、比較的嘔吐しやすい動物です。しかし、その頻度が多いならば何らかの病因があると考えられます。未消化の吐き出しは、消化される前に口から逆流したものであり、胃の前の器官、すなわち食道に異常がある場合があります。食道炎、食道拡張症、食道内異物など、見過ごせない病気も多いです。4カ月の子イヌが未消化のものを頻回に吐き出す場合、右大動脈弓遺残症《みぎだいどうみゃくきゅういざんしょう》という先天性疾患の可能性があります。これは、胎児期の右大動脈弓に食道が締めつけられることで心臓基部の食道が狭くなり食道の通過障害が起こり、心臓より頭側の食道は拡張する病気です。右大動脈弓遺残症は、離乳後に吐出が顕著になり、誤嚥性肺炎《ごえんせいはいえん》を引き起こすこともあるので注意が必要です。そのほかに考えられる病気として、食べ物をうまく飲み込めない嚥下困難を起こす病気もあります。いずれにしてもすぐに動物病院を受診して検査を受けることをおすすめします。

## 最近お腹が大きくなってきて元気もありません。病気でしょうか？

10歳ぐらいになるといろいろな病気が考えられます。老齢性の心臓病による腹水の貯留、腹腔内《ふくくうない》の腫瘍、副腎皮質機能亢進症による腹部膨満、さらにメスイヌで避妊手術（卵巣子宮摘出術）を受けていない場合には、子宮蓄膿症や卵巣嚢腫《らんそうのうしゅ》・腫瘍などもしばしば認められます。いずれも命に関わる深刻な病気ですので、すぐに動物病院を受診して検査を受ける必要があります。

## 7歳の小型犬ですが、最近咳が出て、ゼーゼーという呼吸音が聞こえ、時には苦しそうです。病気ですか？

咳や呼吸困難は、呼吸器や心臓の病気のサインです。呼吸器の病気としては、気管虚脱や気管支炎さらには肺炎や肺腫瘍などが、代表的な病気です。心臓の病気の場合は、僧帽弁閉鎖不全症《そうぼうべんへいさふぜんしょう》という老齢性心疾患による心不全が考えられます。僧帽弁閉鎖不全症は、マルチーズをはじめ、ヨークシャー・テリア、シーズー、キャバリアなど小型犬に多く、中年高年のイヌにおける代表的な病気です。僧帽弁閉鎖不全症による心不全の症状は、初期には夜中から明け方にかけて湿った咳が認められます。進行すると肺水腫を合併し呼吸困難も認められるようになります。いずれの病気も適切な治療により症状を和らげたり、進行を遅らせたりできますので、動物病院で詳しく見てもらい、ただちに治療を始めることをおすすめします。

## まだ2歳半ですが元気、食欲がなく、散歩するとすぐにばててしまいます。口粘膜と舌は真っ白です。特別な病気でしょうか？

粘膜や舌が白っぽくなるのは、貧血が最も考えられます。貧血には様々な原因が考えられます。消化管内寄生虫や慢性消化器疾患では、腸管の中に持続的に出血が起こり便の色が黒くなることがあります。この消化管内の出血が長期化すると鉄欠乏性貧血を起こします。イヌでは、ネギやタマネギを食べると中毒を起こし、重症例ではそれだけで溶血性貧血を起こします。タマネギ中毒では、急性例ではオシッコの色が赤色やワイン色になることもあります。溶血性貧血にはタマネギ中毒以外にも免疫が関与して起こる免疫介在性貧血があります。この免疫介在性貧血は、2〜8歳くらいのメスイヌに多く、トイ・プードル、コッカー・スパニエル、アイリッシュ・セッターなどに多いと言われています。免疫介在性貧血は、自己免疫疾患で、自分の免疫が自分の赤血球を破壊することで貧血が起こります。そのほか、貧血以外にも心臓や肺の異常による低酸素血症を起こす病気でも、疲れやすく粘膜の色に異常が現れます。いずれの疾患も命に関わる極めて重篤な病気ですので、ただちに動物病院で受診して検査してもらう必要があります。

## 散歩中にしんどそうになり休むことがあります。検査したほうがいいですか？

運動中にしんどくなる、休むなどといった症状は加齢にともない認められる場合もありますが、心臓に何らかの病気がある可能性もあります。一度動物病院にて心電図検査、胸部レントゲン検査、およびび超音波検査を受けることをおすすめします。不整脈は、その原因により常に出現しているとは限らないため、検査時に異常が認められるとは限りませんが、レントゲン検査や超音波検査を併用することで総合的に判断していきます。

## オシッコをポタポタ垂らしながら歩くのですが、対処方法はありますか？

尿失禁の原因は多岐にわたり、その原因によって対処方法は異なります。まず、加齢性の変化として尿道括約筋の機能不全が認められる場合には、その収縮を補助するような薬剤により軽減する可能性があります。しかし、糖尿病や腎機能障害、副腎皮質機能亢進症など尿量が異常に増加する疾患でも尿失禁を認めることがあり、その場合には基礎疾患の治療が必要となります。そのほかにも神経疾患、関節疾患にともなう疼痛《とうつう》が失禁の原因となることもあります。

## 散歩に行かないと排泄しません。2日行かないと我慢していますが、病気になりますか？

排泄回数が少ないと、膀胱炎や膀胱結石などの病気にかかる可能性が高くなります。散歩に行けないときのために、室内でも排泄できるようなしつけをしておくと良いです。具体的な方法としては、散歩中、排泄のタイミングでペットシーツを敷き、その上で排泄したら褒めてペットシーツの上で排泄することを良いことと覚えさせます。そのペットシーツを敷く場所を徐々に家に近づけていきます。そうすることで最終的に室内のペットシーツでも排泄できるようになるでしょう。

## ケンカでけがをして血が出たとき、自宅でできる対処法は？

出血が軽度の場合は、ガーゼ等を傷口に当てて止血します。出血が止まったら可能であれば包帯を巻き、イヌが舐めないようにエリザベスカラー等を装着してあげて下さい。イヌの口の中には多くの細菌がいるため、出血が軽度であっても傷口が化膿してくることがあります。出血が止まったからといって傷口はそのままにせず、早急に動物病院に連れて行き獣医師の診察を受けましょう。

## 病後ですが、イヌが望めば散歩に行ってもいいのでしょうか？

病気の種類や重症度によりますのでかかりつけの獣医師に相談してみてはいかがでしょうか？病後は基本的に安静が必要です。

## 包皮炎《ほうひえん》とは何ですか？

包皮炎とは、オスにおいてペニスの外側の表面とそれを包む包皮の内側に炎症が起こり、包皮が腫れたり、白色や黄色、ときには緑色の膿が認められたりします。痛みや不快感からペニスをよく舐めるなどの症状もしばしば認められます。包皮炎の原因は、ほとんどが細菌感染によるもので、何らかの原因で包皮内の常在細菌のバランスが崩れて細菌が異常増殖することで発症します。重度の包皮炎の治療には、動物病院を受診して抗生物質の投与や包皮の洗浄と消毒を行う必要がありますが、軽度の場合や予防には、自宅でぬるま湯や薬用石けん水などで包皮を洗浄するのが効果的です。

## 乳腺腫瘍とは何ですか？

乳腺腫瘍は、適切な時期に避妊手術をしていないメスイヌで最も多くみられる腫瘍のひとつです。乳首の周りの腫れやしこりの存在により発見されます。イヌの場合は、半分が良性で半分は悪性といわれています。悪性の場合には、進行が早く肺や骨などに転移を起こすと、治療は難しく死に到ります。良性の場合でも、途中で悪性に変化したり、巨大化することで壊死して出血したり膿が出るようになることもあります。乳腺腫瘍が悪性か良性かを判断するためには、病理組織検査が必要です。麻酔をかけて乳腺のしこりの一部またはすべてを採取する必要があるため、通常は外科手術時に病理組織検査もあわせて行うのが一般的です。乳腺腫瘍は、悪性の場合でも転移を認める前に完全に取り切ることができれば完治が期待できるので、早期診断と早期の適切な外科手術が重要です。イヌでは、初回発情（通常生後6カ月齢）前に卵巣摘出も含めた避妊手術（通常卵巣子宮全摘出術）を行うことで、乳腺腫瘍はほとんど予防できることがわかっていますので、避妊手術を適切な時期に行うことは非常に大切です。

## 子宮蓄膿症《しきゅうちくのうしょう》とは何ですか？

子宮蓄膿症は、避妊手術を行っていないメスイヌにおいて子宮内に細菌感染が起こり、膿が内部にたまる非常に怖い病気です。この病気は、中年以上の高齢犬に起こりやすく、未経産のイヌでより発病しやすいといわれています。子宮蓄膿症を発症したイヌの多くは、前兆として発情がなかったり、発情時期が不定期になったり、発情が長びく、あるいは短期間に繰り返し発情徴候があるなど異常が認められ、発症の1～2カ月前に異常な発情が認められることも多いようです。また、陰部をよく舐める、おりものが認められるなどの症状や発熱、多飲多尿、お腹が膨らむなどの症状もしばしば見られます。放置すると子宮破裂や敗血症により死に到る病気なので、すぐに動物病院を受診することが必要です。子宮蓄膿症など子宮の病気は、避妊手術によって100％予防できる病気なので、若齢時に適切な避妊手術を受けているイヌは罹患《りかん》することはありません。

## 脂漏症《しろうしょう》とは何ですか？

イヌの脂漏症には、皮脂が多くなることで皮膚や被毛がべたべたする場合（湿性脂漏）と、乾燥してフケが多くなる場合（乾性脂漏）があります。脂漏症の原因は、アレルギー性皮膚炎や膿皮症などの皮膚疾患時にしばしば認められ、皮膚のかゆみや細菌感染が認められやすくなり、体臭も強くなります。原因によって根本的な治療法が異なりますので、脂漏症が気になるイヌでは動物病院で一度診察を受けることをおすすめします。治療は原因疾患の治療に加えて、病態にあった薬用シャンプーを用いた自宅でのシャンプーが効果的です。

## 股関節に起きる病気について教えて下さい。また、かかりやすい犬種はありますか？

小型犬と大型犬で起こりやすい病気は変わってきます。全犬種に共通する股関節の病気としては交通事故や転落による股関節脱臼があります。股関節脱臼の整復《せいふく》は、手術が必要となることも多いのですが、事故直後であれば手術をせずに治すことができる場合もあります。トイ・プードルなどの小型犬に多い股関節の病気としては、大腿骨の骨頭《こっとう》の血液循環が悪くなることで起こるレッグペルテス病（無菌性大腿骨骨頭壊死症《むきんせいだいたいこっとうえししょう》）が有名で、片側または両側に進行性に異常が現れます。悪化すると痛みが強くなり、外科手術（骨頭切除術）が必要となります。一方、ゴールデン・レトリーバーやラブラドール・レトリーバーなどの大型犬では、股関節や大腿骨骨頭の形態異常を特徴とする股関節形成不全症（ヒップディスプラジア）という遺伝性の病気が有名です。股関節形成不全症は、重症度が様々で進行すると、股関節の変形性関節症や股関節脱臼が見られることもあります。股関節形成不全症の治療は軽度であれば、体重管理や痛み止めやサプリメントの服用でコントロールされますが、重症例では外科的治療が必要となります。大型犬における股関節形成不全症の外科手術は、疼痛緩和や最低限の機能回復を目的に行うための術式と完全な後肢の機能回復を目的とする術式があります。股関節の完全な機能を回復させるためには人工関節に置き換える方法が一般的ですが、専門病院での手術が必要となります。

## 僧《そう》帽《ぼう》弁《べん》閉《へい》鎖《さ》不《ふ》全《ぜん》症《しょう》とは？

左心房と左心室の間にある僧帽弁が悪くなり、きっちり閉まらなくなる病気です。イヌに最も多い心臓病です。老齢の小型犬種に発生が多く、症状としては、咳（人の咳とは異なり、イヌの咳はのどに何か詰まったような感じ）、運動時に疲れやすかったり、呼吸が悪くなったり、食欲がなくなったりします。病気が悪化すると、肺水腫（肺に水がたまる）を合併し、咳がひどくなったり呼吸困難になったり、卒倒したりします。老犬の3頭に1頭はこの病気を持っているとも言われていますので、日頃から動物病院にて定期的な健康検査が必要になります。病気が進行してから症状が出ますので、症状がないからと安心をしてはいけません。治療は、いろんな薬がありますのでそれを飲ませていきます。特に、キャバリア・キング・チャールズ・スパニエルやマルチーズなどは遺伝的な素因がありますので、注意が必要です。

## 肛門嚢炎《こうもんのうえん》とは何ですか？

肛門嚢という袋が、肛門を中心として5時と7時の方向にあります。肛門嚢には分泌物が蓄えられていて、排便時などに便と一緒に排出されます。独特のにおいがあり、何とも言えない臭いにおいで、縄張りなど誇示するためにあると言われています。これを武器にしたのが、スカンクですね。

肛門嚢炎とは、この肛門嚢が炎症を起こし、分泌物が排出されにくくなることで生じ、肛門嚢に分泌液が過剰貯留し、ひどい場合には破裂します。とても痛いです。分泌物が肛門嚢に貯留してくるとイヌはお尻を地面にこするような動作をします。そのときに動物病院に行って肛門嚢を絞ってもらうと病気になるのを予防できます。定期的に肛門嚢を絞るのはもっといいでしょう。肛門周囲が腫れたり、破裂したりするとひどい痛みを生じますので、痛み止めと消毒、抗生物質を与えて治療していきます。時には肛門嚢摘出術を実施します。この病気は小型犬に多いです。

## フィラリア症とは何ですか？

蚊によって媒介される寄生虫病です。感染すると心臓や肺動脈の中にソウメンのような白いひも状の虫がすみ着きます。この寄生により肺動脈が損傷を受けると同時に変性し、心臓病を合併します。咳、腹水、胸水などを示し、運動後にぐったりしたり、お腹が張ったり、呼吸困難になります。対症療法《たいしょうりょうほう》で治療していきますが、重症のものを治す薬はありません。この恐ろしい病気も、予防薬を月に一度投与すれば、１００%の予防効果があります。地域により蚊の発生する時期が異なりますが、おおよそ6月頃から12月頃まで予防薬を投与します。なお、お薬ではなく、注射タイプの予防薬もあります。イヌ用の蚊取り線香なども市販されていますが、効果は期待できません。100%予防できる薬でなければ、意味がないからです。なお、これらの予防薬は感染しているイヌに使用すると副作用があることから、要指示薬となっております。必ず動物病院にて、血液検査を受けてから処方してもらって下さい。

## 犬レプトスピラ感染症とは?

レプトスピラにはいくつか種類がありますが、それらの細菌がイヌに感染することにより発症します。すべての哺乳類に感染し、腎臓病や肝臓病などを引き起こし、数日で死に至る場合もあります。症状は様々で、元気がないだけのこともあれば、黄疸や出血など重篤な症状を示すこともあります。抗生物質などで治療をしますが、ワクチンがありますので、定期的に接種をしてあげて下さい。池や沼、川などにレプトスピラ菌がいることがありますので、アウトレジャーをする場合には特に注意が必要です。人にも感染します。

## 犬コロナウイルス感染症とは?

このウイルスは、下痢や軟便などの症状を示しますが、成犬に感染しても特に症状を出すことのない場合が多い病気です。ただし、子イヌや弱っている成犬などでは、嘔吐や下痢などの症状が続き脱水状態になる場合もあります。特に恐ろしいのは、犬パルボウイルスとの混合感染で、その場合には重症化します。便中にウイルスが排泄され、それを摂取したイヌへ感染しますので、便の処理を適切に行って下さい。子イヌのときは様々な感染症に弱いため、きちんとしたワクチン接種が有効になります。

## 犬伝染性肝炎とは何ですか?

この病気は、犬アデノウイルス（1型）に感染することにより発症します。症状は、嘔吐、下痢、発熱、痛みなどを示します。血液検査で肝臓の数値が高くなり、ショック状態になったような重症例は数時間で死に至ることもあります。対症療法により治療しますが、その予防にはワクチン接種が有効です。

## ケンネルコフ（伝染性気管支炎）とは?

ケンネルコフを直訳すると、イヌの咳という意味になります。犬アデノウイルス2型や犬パラインフルエンザウイルスやボルデテーラという細菌などが単独もしくは混合感染して、気管支炎、肺炎などを発症します。名前のとおり、咳をしますが、発熱、鼻水を示すこともあり、また、多くは肺炎をともなっています。子イヌは特に要注意で、肺炎が改善しないと死亡することもあります。これらの病気は空気感染もしますので、咳をするイヌが近くにいるだけでほかのイヌに感染する可能性があります。ワクチン接種はこの病気の予防に効果的です。

## 犬ジステンパーとは何ですか？

犬ジステンパーウイルスによって起こされる非常に厄介な伝染病です。子イヌが最もかかりやすいですが、ワクチン接種が不確実な成犬や老犬にも発症が認められます。症状は多岐にわたり、典型例ではてんかん発作、チックなどの神経症状を示しますが、高熱、下痢、目やに、だんだんと痩せていく、後肢麻痺、肺炎症状など、一見ジステンパーとは関係ないような症状を示すこともあります。肉球が固くなるハードパットが見られることもあります。対症療法で治療しますが死亡率は決して低くありません。定期的なワクチン接種をして予防につとめることが非常に重要です。

## 歯が抜けてしまったのですが、なぜでしょうか？

子イヌですと、乳歯から永久歯への生え変わりに歯が抜けます。これは、たいてい約3カ月齢から7カ月齢までに起こります。

また、歯周病が原因で歯が抜けることがあります。歯周病は、歯が抜けるだけではなく、歯から

顎の骨を溶かしたり、膿がたまり、顔に穴が開いてそこから膿が出てきたりします（外歯瘻《がいしろう》）。また、細菌が血流にのって心臓や腎臓などほかの臓器にも影響を与えてしまう恐ろしい病気です。小さな頃からハミガキを心がけ口の中を清潔に保ってあげましょう。

歯周病は、決して高齢犬だけの病気ではありません。歯周病がひどい場合は、4〜5歳でも歯が抜けることがあります。

## 慢性的に下痢が続いていますが、その原因は何でしょうか？

慢性の下痢の場合、子イヌだと回虫、鞭虫《べんちゅう》、鉤虫《こうちゅう》などの寄生虫や、コクシジウムやジアルジア、トリコモナスなどの原虫によるものが一般的です。その他、炎症性腸炎、タンパク漏出性腸炎、慢性膵炎、腫瘍、感染症、アレルギー、中毒など様々な原因により起こります。また、会陰《えいん》ヘルニアや腸閉塞、便秘などで下痢をしている場合には、実は硬い便がその部位を通過できないだけで、下痢便のみ通過し排泄されていることもあります。その場合に下痢止め剤を投与するともっと悪くなります。

**鼻の黒い部分がはがれてしまいました。どのように対処したらいいでしょうか？**

すりむいて黒いところがはがれたのであれば、

消毒でもしてそのまま経過観察です。少しずつ良くなります。免疫疾患などの病気では、鼻のところが変色したり脱落したりすることもありますので、あまりにもひどいようなら動物病院で見てもらって下さい。

**病院に行くと、ろくに検査もせず薬を処方されました。改善しないので、セカンドオピニオンを考えていますが、いいのでしょうか？**

どちらにせよ、飼育されている動物の病気を早く治してあげたいですね。現在、治療している病院の検査や治療方針に納得がいかない場合は、動物の病気を治すのが第一ですので飼い主の判断で、納得のできる病院を探してみるのも方法かと思います。

# 食事について

DOG

## 授乳期から離乳期にかけての食事で、気をつけることはありますか？

授乳期では、母親自身に必要なエネルギーに加えて子イヌや子ネコの成長に合わせて授乳するため、ライフステージの中でも最もエネルギー要求量と水分要求量が増える時期です。そのため、消化性が良く、エネルギー密度が高く、タンパク質・カルシウム含量の多いフードを与えます。これらは、成長期・繁殖期用のフードとして販売されています。また冬場であれば飲水量も低下してしまうため、ふやかして与えると良いと思われます。

## 幼犬の食事はどのようなものを与えたらいいでしょうか？

成長期には体の維持や活動だけでなく、成長のためにもエネルギーや栄養素が必要となるため高カロリー、高栄養の子イヌ（成長期）用フードを与えるようにしましょう。また子イヌは、消化管機能も十分に発達していないため、消化吸収の良いフードを与え、1日に食べる量を3～4回に分けて与えるようにしましょう。

## イヌが食べ物のにおいをかぐだけで食べません。どうしたらいいですか？

イヌやネコのフードの好み（嗜好性）を決める大きな要因はにおい・味・質感です。ですので食欲を刺激するためには、フードを人肌程度に温めるとにおいが立ち嗜好性が良くなることがあります。また、一般的にイヌはドライフードよりもウェットフードを好むため、ドライフードをふやかして与えると嗜好性が良くなることがあります。ふやかす際ぬるま湯だけでなくだし汁やチキンスープを使うのも良いかもしれません。

## イヌとネコを飼っていますが、ネコの食べ残しをイヌが食べます。問題ないのでしょうか？

キャットフードは、ドッグフードと比べてタンパク質が多く含まれていることが多いため、腎疾患、胃腸疾患、肝疾患などで、タンパク質の制限が必要な場合には、与えないようにして下さい。健康なイヌでは食べ過ぎによる肥満に注意して下さい。

## イヌが病院からもらったネコの食べ残しを食べてしまいます。問題ないでしょうか？

病院からお出ししている療法食は、それぞれの病気や症状に合わせた特別食です。このため、基本的にはほかの個体には与えないようにして下さい。さらに、イヌとネコでは食性や体の構造が異なるため、必要な栄養素も異なります。長期的にお互いの食事を食べ続けることは望ましくありません。

## きちんと食事を与えていれば、おやつは必要ありませんか？

栄養学的にはしっかりとした食事を与えていればおやつは必要ありません。しかし、おやつはしつけのためのごほうびや栄養補助、コミュニケーションを図るためのツールとして重宝されます。また、おやつはドッグフードだけでは得られない、「食べる楽しみ」をイヌに与えることができます。ただし、おやつの質と量には注意が必要です。多くのおやつは、高カロリーで栄養素が偏っており、人からすれば少しのつもりでもイヌにとってはかなりの量になり肥満になったり、偏食するようになるかもしれません。よって、おやつを与える際はそれぞれの体調などを考えながら1日に必要なカロリーの10％以内の量を与えるようにし、同カロリーのフードの量を減らすようにしましょう。

## イヌにキャットフードを与えてもいいでしょうか？

イヌとネコとでは必要になる栄養素が異なります。イヌは雑食性でネコは肉食性のため、ネコはイヌよりもタンパク質が多く必要です。さらに、ネコでは体に必要なタウリンやビタミンAを体内で作ることができません。よってキャットフードはドッグフードに比べて高タンパクで高カロリー、さらに塩分が多くタウリンが含まれていることになります。このため、イヌからすればキャットフードのほうがおいしく感じられるようですが、継続的に与えてしまうとカロリーの取りすぎで肥満になりやすかったり、塩分を過剰摂取してしまうため内臓への負担も大きくなることから、腎臓疾患をはじめとする病気の原因になります。これらのことから、イヌにはキャットフードを与えないようにしましょう。

## 肉を茹でて食べさせていますが、大丈夫でしょうか。

茹で肉を与えることは、基本的には禁止事項ではありませんが、それが主食にならないようにしましょう。茹で肉のみでは、必要な栄養素を補うことができません。全体のカロリーと蛋白含量、それに必要栄養素を考慮しながら与えるようにしましょう。

## ドッグフードとおやつしか与えていませんが大丈夫ですか？おやつはあげていいのでしょうか？

せっかく栄養バランスのとれたドッグフードを与えられているのであれば、米、野菜、おやつを全部合わせても全体の10％以内、できれば5％以内にとどめておくのが無難です。また、おやつに味が強いものを与えると、主食のドッグフードを食べなくなる傾向があります。代表例は、ジャーキーや半生タイプです。おやつは、つとめて淡白な味のものを選びましょう。

## 生野菜を食べさせてもいいのでしょうか？

ネギ類など食べさせてはいけない野菜以外は、大きな問題となることはありません。ただし、大量摂取すると問題となる成分を含む野菜もあるため、過剰摂取は控えて下さい。

## ドッグフードをなかなか食べてくれません。手作りにしようか悩んでいます。いい方法はありますか？

手作り食は、与える原材料を制限しやすく、選択の幅が広いため、特に食物アレルギーのあるような個体に適しています。蛋白含量、脂肪、炭水化物のバランスに加えて微量元素やミネラルバランスを取りつつ、カロリー計算をしながら調理をすることは十分可能です。レシピについては、インターネットをはじめ様々な方法で紹介されていますので、根拠が十分考えられているものを選択すると良いと思われます。

## 手作りごはんはドッグフードよりはいいのでしょうか?

手作りごはんの場合、まず良いところは使用される素材が安全なものとわかっているところです。また、嗜好性についても、できたての場合は風味や温かさがあり、ドッグフードよりも優れていると思われます。問題の栄養のバランスですが、総合栄養食のドッグフードに軍配が上がります。ドッグフードは、多くの素材を用いてイヌが栄養として利用可能な状態に加工・調理してあります。同じ素材を揃えて手作りで加工・調理することは大変手間がかかりますし、栄養の過不足があるときは日替わりでレシピを変えバランスを保っていかなければなりません。また、そのような場合、便の状態も不安定になりがちです。つまり、手作りごはんだけを与えるよりは、信頼のあるドッグフード(総合栄養食)にほんの少しバランスを壊さない程度の手作りごはんを加えるほうが簡単かもしれません。

## 飼いイヌ数頭に手作りのエサを与えています。体重や体長によって食事内容も変わるでしょうが、それぞれに合ったカロリー計算方法はありますか?

それには、飼育されているイヌたちの適正体重が問題になります。獣医学では体重の適正を表現するために、「Body Condition Score (BCS)」を用い、体格を5段階に評価しています。まず、動物病院に行ってBCSが3(適正)かどうかを確認してもらいましょう。さて、エネルギーの必要量ですが、イヌが何もせずただ生きていけるエネルギーを、「基礎消費エネルギー（BER）」と言います。通常の生活の場合、イヌはBERの約2倍のエネルギーが必要となり、このエネルギーを「維持エネルギー必要量」と言います。このことを基準に様々な状況で必要なエネルギーが変化します。例えば、年齢層、去勢避妊手術の有無、妊娠哺乳、飼育環境（室内外）、季節（温度）、運動量、病気や外傷などで大きくカロリー必要量が変わってしまいます。また、「可消化エネルギー（物を食べてカロリーとして利用すること）」が人とイヌでは異なりますので、通常のカロリー計算はイヌには通用しません。答えにはならないかとは思いますが、上記のことを考慮すると信頼のおけるドッグフードを選択するのが賢明と思われます。前述のすべてのステージを考えたものが、すでに販売されています。いまひとつご検討を。

## ドッグフードの保存方法は？

基本的に直射日光があたらない温度変化の少ない場所で保存し、賞味期限内に使い切るようにしましょう。ドライフードは開封後は早めに食べきるようにし、1カ月以内で食べきれる量を購入しましょう。ウェットフードは、開封後できるだけ早く食べきるようにし、保存する場合はガラスや陶器製の容器に移しラップをかけるか、密封容器に入れるなどして必ず冷蔵保存して下さい。また生ものと同じで数日で使い切るようにしましょう。

## ドッグフードはいろいろありますが、何を選んだらいいですか？

ドッグフードを選ぶ際に基準になるのは栄養の組成、原材料、品質そして添加物です。必要な栄養素をバランス良く摂取できる総合栄養食を選びましょう。最近は、成長過程に合わせているものばかりではなく、アレルギーに配慮しているものやダイエット用の低カロリーなもののように機能別に分かれた組成の製品も増えています。それぞれの個体に合わせたフードを選ぶようにしましょう。品質は、ほぼドッグフードの価格に応じて原材料が使用されていると考えられます。信頼できるブランドと価格も考慮すると良いと考えられます。保存料や着色料が多く使われているものは、避けると良いでしょう。

また、タイプ別ではフードに含まれる水分量によってドライ・セミモイスト・ウェットの３つのタイプに分かれます。それぞれ特徴として、ドライフードは、水分量が10％程度でほかの２つに比べ保存性に優れ、経済的です。水分含量がきわめて少ないため、必ず新鮮な水と一緒に与えて下さい。セミモイストフード（いわゆる半生タイプ）は、水分量が20～35％程度でドライフードに比べると軟らかいため食べやすいです。しかし水分量がドライフードに比べて多いため保存料を多く使っていることがあることと、湿潤調整剤を使用しているものがほとんどなので注意が必要です。最後にウェットフード（缶詰やパウチ）は水分量が70％以上でほかの２つに比べ高価で、嗜好性が高いものが多いです。ただ保存がきかないので開封後は早く使い切ってしまいましょう。

## ドッグフードだけで栄養に偏りはありませんか?

従来は、栄養の過不足、内容表示の不足や信頼度などで、ドッグフードには不安が多いものでした。その中でも、以前より「ＡＡＦＣＯ（米国飼料検査官協会）の基準を充たす」と包装に記載があるものは、選択のひとつの目安となっていました。２００９年6月1日、国内でもペットフード安全法が施行され、名称、賞味期限、原材料名、原産国、業務社名、住所などの記載が義務づけられています。包装に、「ペットフード公正取引協議会」と記載されている場合も同様に信頼あるものです。さらに、「一般食」ではなく、「総合栄養食」と記されていれば大丈夫です。

## 缶詰とドライフードはどちらを与えればいいのでしょうか?

どちらもしっかりとした総合栄養食であれば、基本的にどちらを与えても問題はありません。ドライフードは、ほとんどの場合主食として使われているタイプです。水分含量が少なく、経済的で日持ちがします。一方、缶詰には多くの水分が含まれているため、グラムあたりのカロリーが少なく、ドライフードに比べて多くの量を食べることになります。また軟らかいため、若齢から食べていると歯石がつきやすいデメリットもあります。しかし、冬場など飲水量が減る季節や、飲水量が減ったり消化吸収能力が低下する老齢の動物には、メリットがあります。ただし、缶詰フードの中には総合栄養食ではないものも多くあるため、必ず一般食あるいは間食と書かれていない製品を選ぶと良いでしょう。

## 人の食事をイヌに与えてもいいのでしょうか？

人の食事には、多くの塩分や糖分が含まれているものが多く、肥満や様々な病気につながりやすくなるため、基本的には与えないようにしましょう。また、味つけが薄くても中にはイヌが食べてはいけないものが含まれていることがあるので注意が必要です。特に、タマネギやチョコレート、ブドウには要注意です。これらの食品は、人が食べても害はありませんがイヌやネコに与えると重大な副作用を示すことがあります。うっかり与えてしまったりイヌが勝手に食べてしまうようなところに置いておいたりしないようにしましょう。

## 成長に応じて、ドックフードを変えたほうがいいのでしょうか？

人と同じように、イヌやネコもそれぞれのライフステージ（年齢、体質、環境、運動量）によって必要な栄養バランスが違います。例えば、子イヌや子ネコは成長するために体をつくる栄養素が多く含まれている食事が必要ですし、高齢のイヌやネコには病気などに配慮した食事や消化吸収能力が低下してくるため消化の良い食事が必要です。また太りやすい体質の個体にはカロリーが抑えてある食事を与えないと肥満が進みます。ですので、成長にもそれぞれのライフステージにも合わせ、必要な栄養素を満たした食事を与えるようにしましょう。

## 幼犬～成犬になるまでの食べさせる量と内容は具体的にはどうなっているのですか？

それぞれの犬種、成長過程やフードのカロリーによって給与量が決まります。まず、それぞれの犬種に関して研究されたデータを参考に、月齢による与えるカロリーを参考にして給与量を決定して下さい。その給与量を守って与えているにも関わらず、体重が増え、また逆に痩せてくるようなら基準量を増減しましょう。ドッグフードが市販されはじめた頃の1日の給与量は、イヌの頭部ほどの量が目安でした。しかし、最近ではフードも改良され、100gあたりのカロリー数もそれぞれ違いますので、パッケージのラベルに記載してあるカロリー数をチェックしましょう。

詳しくはweb検索で「ペットフード　給与量の表」とキーワード検索すると詳しく記載されています。

### まずは、愛犬の年齢にあわせて、参照する表を決めてください。

**成犬の場合**

1. 愛犬にあてはまるサイズ（超小型犬・小型犬・中型犬・大型犬）を選ぶ
2. 愛犬にあてはまる体重を選ぶ
   ※太り気味や痩せ気味が気になる方は、給与量を獣医師にご相談ください。
3. 季節を選ぶ

例：超小型犬 体重5kg 春の場合

- 超小型犬／体重５kg／春・秋の欄を参照
- 1日の給与量＝130g
- 1日2～3回に分けて与える → 1日に2回与える場合では･･･

1回あたりの給与量＝65g

**幼犬の場合**

1. 愛犬にあてはまるサイズ（超小型犬・小型犬・中型犬・大型犬）を選ぶ
2. 愛犬にあてはまる生後日数を選ぶ

例：小型犬 生後60日 体重2kg の場合

- 小型犬／生後60～120日の欄を参照
- 1日の給与量＝体重の3.5～4％ → 2kg×4％＝80g
- 1日3～4回に分けて与える → 1日に4回与える場合では･･･

1回あたりの給与量＝20g

※犬の種類の欄は参考例です。

## 与え方（給与量の目安）

### 成犬に与える1日の標準量

340kcal/100g

| 分類 | 体重 | 犬の種類（例） | 春・秋 | 夏 | 冬 |
|---|---|---|---|---|---|
| 超小型犬 | 1kg | チワワ | 40g | 35g | 45g |
| | 2kg | ポメラニアン | 65g | 60g | 70g |
| | 3kg | トイプードル、ヨークシャー・テリア<br>マルチーズ、カニーヘンダックス | 90g | 80g | 95g |
| | 4kg | ミニチュア・ダックスフンド | 110g | 100g | 120g |
| | 5kg | パピヨン、ミニチュア・シュナウザー<br>シーズー、ミニチュア・ピンシャー | 130g | 120g | 140g |
| 小型犬 | 7kg | パグ | 170g | 150g | 180g |
| | 8kg | 柴犬 | 180g | 170g | 200g |
| | 10kg | コーギー、ビーグル | 220g | 200g | 240g |
| 中型犬 | 13kg | イングリッシュ・コッカー・スパニエル | 270g | 240g | 290g |
| | 17kg | 紀州犬、ボーダー・コリー | 330g | 290g | 360g |
| | 22kg | チャウ・チャウ・エアデールテリア | 390g | 350g | 430g |
| 大型犬 | 28kg | ゴールデン・レトリーバー | 470g | 430g | 520g |
| | 35kg | シェパード | 560g | 500g | 610g |
| | 40kg | 秋田犬、ボルゾイ | 620g | 560g | 680g |
| | 50kg | グレート・ピレニーズ | 730g | 660g | 800g |

妊娠・授乳期の母犬には上記給与量の1.5～2.5倍を、朝・昼・夕・夜など
1日3～4回に分けて与え、胃腸への負担を軽くしてあげましょう。

### 幼犬に与える1日の標準量（朝・昼・夕・夜など1日3～4回に分けて与えましょう）

| 分類 | 生後21～45日 | 生後45～60日 | 生後60～120日 |
|---|---|---|---|
| 超小型犬 | 子犬の離乳食<br>ドッグミールを<br>与えて下さい | 体重の4.0～10.0% | 体重の4.0～6.0% |
| 小型犬 | | 体重の4.0～7.0% | 体重の3.5～4.0% |
| 中型犬 | | 体重の4.0～6.0% | 体重の3.0～3.5% |
| 大型犬 | | 体重の2.5～5.0% | 体重の3.0% |

生後120日以降から成犬になるまでは、体重の2.5～4.0%を目安に与えて下さい。

## 食事は一日何回与えればいいのでしょうか？

食事回数の目安は、成犬や成猫では1日1～3回ですが、できる限り朝晩の2回以上が望ましいとされています。また子イヌやネコは1日3～4回に分けて与えるようにしましょう。空腹の時間が長いと嘔吐等の原因になることがあります。食器は同じものを洗って毎回使い、食事場所は落ち着いて食べられるところに決めてあげましょう。食べ残しがある場合は、それにつぎ足して与えるのではなく一定時間が過ぎれば片づけて毎回新しい食事を与えるようにしましょう。

## 牛乳は与えても大丈夫ですか

与えてはいけないものではありません。しかし、イヌやネコには牛乳の中に含まれている乳糖を分解する酵素を十分に持っていないため、牛乳をうまく消化吸収ができずに下痢を起こす場合があります。

乳製品にも同様に注意が必要ですが、チーズやヨーグルトなど発酵により乳糖が分解されているものはこのリスクは低下します。イヌ用の牛乳、ネコ用の牛乳などがありますが、これらがイヌネコ用に特別に作られているものかは、製品にも明記されていません。

## 牛乳を与えるとなぜ下痢をするのですか?

イヌにおいては、牛乳に含まれる「乳糖」（ラクトース）を分解する酵素である「ラクターゼ」の分泌が極めて少ないために、牛乳を飲ませると下痢をすることが多いと言われます。欧米人に比べて日本人もその傾向があるようで、個人差はありますが、一定量以上の摂取で腹痛や下痢を起こすことはよく知られています。イヌにも個体差はあり、たくさん飲んでも問題ない個体もあるのも事実ですが、危険をおかして与える必要はないと私は考えます。イヌ用の乳糖を含まないミルクも市販されていますが、どうしても与える必要があれば、そのようなものを選択すべきでしょう。

## ヨーグルトは食べさせても大丈夫ですか?

もともと乳製品にアレルギーがある場合や、牛乳を飲んで下痢などを起こす体質のイヌには、乳糖が分解されているヨーグルトを含めすべての乳製品を与えないほうが無難です。牛乳を与えるとお腹の調子が悪くなるイヌは、もともと体質的に含まれている乳糖を分解する力が弱いからです。しかし、すべてのイヌが乳糖に弱いというわけではありません。

ヨーグルトは、乳酸菌が乳糖の一部を分解しているため、牛乳よりもお腹に影響を与えにくいということもあります。そのため、牛乳ではお腹の調子が悪くなってしまったイヌでも、ヨーグルトは大丈夫な場合もあります。

また、ヨーグルトには多くの善玉菌が含有しており、免疫力を高める効果もあるためウイルス感染などに対しても強い抵抗力を発揮できます。さらに、ヨーグルトの乳酸菌には腸内環境を整える働きがあるため、ヨーグルトを食べてお腹を壊さないイヌであれば低糖質のヨーグルトを与えても問題ありません。多くのイヌは、ヨーグルトを好みますので与え過ぎないように注意しましょう。

## ドッグフードをふやかして与えるのはどうなのでしょうか？

子イヌの離乳時期や老犬はふやかしたフードを与えることがあります。また十分な水分摂取をさせるために、ふやかすことも効果的です。ただし、ふやかす場合はフードに含まれているビタミンが壊れてしまうので、熱湯ではなくぬるま湯でふやかすようにしましょう。

## ドッグフードを変えたいのですが、どのようなことに気をつければいいでしょうか？

食事の急激な切り替えは、消化器障害（嘔吐、下痢等）を起こす原因になる可能性があります。

このため1週間～1カ月かけて徐々に変更をすることで、スムーズな食事の移行が可能になります。変更方法にはいくつかあり、今までのフードに少しずつ新しいフードを混ぜていき、徐々に新しいフードの割合を増やしていく方法や、二つの容器を用意してそれぞれに今までのものと新しいものを入れて徐々に切り替えていく方法などがあります。

## 水は好きなだけ飲ませても大丈夫ですか？

水分は、いつでも新鮮な水が飲めるようにしてあげて下さい。水分制限が必要な状況は、イヌネコではほとんどありません。水は体の60～70％を占めており、そのうち15％失えば生きていくことができなくなります。健康なイヌやネコが1日に必要な水分は、体重1kgあたり約50～60㎖です。

しかし、ネコは元来砂漠地帯の動物なのでイヌに比べて飲水量が少なかったり、食事に含まれる水分量や塩分、また気温や湿度などの環境の変化、体調によって飲水量は変わります。ただし、水分を与える際市販のミネラルウォーターにはミネラルが多く含まれているものがあり、そのミネラル成分が尿路結石の原因になることがあるため、市販のミネラルウォーターを与えないように注意して下さい。

## ミネラルウォーターは石ができると聞きましたが、本当ですか？

硬度の高いミネラルウォーターには、マグネシウムやカルシウムが多く含まれています。そのため、ストルバイト結石（リン酸アンモニウムマグネシウム）やシュウ酸カルシウム結石のリスクが高くなりますので避けて下さい。しかし、マグネシウムやカルシウムの摂取量だけでなく複雑な因子が絡み合った結果によって結石は形成されますので、摂取量などの程度については不明です。

## アルカリイオン水を飲ませても大丈夫でしょうか？

よほど大量のアルカリイオン水を与え続けるならば別ですが、飲み水程度の摂取量で尿のpHがアルカリに傾くことはないと考えます。しかし、イヌの体質などを考慮すると、普通の水道水に比べると結石ができやすい環境を作る可能性があります。アルカリイオン水を与えてはいけないと言うわけではなく、効能を理解したうえで与えて下さい。

## 食事の量はどのようにして決めたらいいでしょうか？

栄養素やカロリーは、フードそれぞれ異なっているため、基本的には与えるフードのラベルに記載されている量を目安に与えるようにしましょう。ただし目安でしかないため日々フードの食べ残しや体調、体重を気にしながらそれぞれに合う量を与えましょう。

## フードの種類と便の量は関係ありますか？

食べてから栄養が吸収され、吸収されなかった残り（残さ）が便として排出されるので食べているものによって便の量や様子などが変わることがあります。例えば、個体差はありますが、ダイエット用に作られているような繊維が豊富なフードを与えていると便の量は多くなります。また、消化吸収の良いフードを与えると便の量は少なくなり、種類によってはにおいも軽減されたりすることもあります。

## 食べ残したフードはそのままにしておいていいでしょうか？

食べ残したドッグフードをそのまま放置しておくと、徐々に風味が落ち、とくにウェットフードの場合は腐敗してきます。また、一度口をつけてしまえば、口の中の雑菌がフードについてしまい衛生的によくありません。

食べ残したフードを出しっぱなしにしておくと、遊びながら食べることが習慣化してしまうこともあるので、10分間ほど待っても食べない場合には、食べ残したフードは片づけてしまうようにして下さい。食べ残しが日常化しているような場合には、1回分の投与量が多すぎるのかもしれないので、残さずに食べきれる量を調整して与えてみて下さい。

成長盛りの幼犬におけるカロリー摂取量は、犬種、月齢、妊娠中、授乳中などにより違いますので、ブリーダーやペットショップ、動物病院などに相談して投与量を決めてください。ペットショップなどから譲渡されたばかりの幼犬では、フードを与える回数をなるべく1日あたり3～5回と多くし、便が軟らかくならない程度で食べ残しのない量を適量と考えてください。もちろん、成長にともなって給餌量も増やすようにしましょう。

## 肉しか食べてくれません。健康に問題はありますか？

イヌの祖先は肉食で、現在は雑食性の生き物と言われており、約1万5千年ほど前あたりから人間より食事を与えられるようになり、イヌも人と同様に雑食動物になったと考えられています。しかし、実際には歯に鋭い犬歯があり、また、腸の長さ（体長比）も短く肉食動物に近いとも言えます。

本来イヌは肉好きですが、肉類や魚肉類を与え続けるとカルシウム、ビタミン、ミネラルが不足して栄養素全体のバランスが悪い状態になり、健康に支障をきたします。適度に野菜を食べないと食物繊維、ビタミンA、ビタミンE、カルシウム、亜鉛、リンなどが不足がちとなってしまい、皮膚病や慢性の消化器疾患、関節疾患、肥満の原因になりますのでバランスのとれたドッグフードをおすすめします。

どうしてもドッグフードを食べてくれない場合には、ビタミンやミネラルなどをサプリメントなどで補充するようにして下さい。

## 野菜が好きなイヌですが、食べていい野菜、いけない野菜はありますか？

食べていけない野菜は、中毒を起こす危険性が高い、ネギ、タマネギ、ニラ、ニンニクなどのネギ類、生姜などです。それ以外の野菜でしたら与えても構いませんが、大量摂取すると問題となる成分を含む野菜もあるため、過剰摂取は控えて下さい。

## ドッグフード以外に茹でた野菜を少し食べさせていますが、問題ありますか？

原則的に問題ありません。基本的に、イヌは肉食性から雑食性に進化した動物ですので、人と比較して植物性のものを消化吸収することは不得意です。また、与えて良い野菜と悪いものがあります。悪いものは一般的によく知られているネギ、タマネギ、ニラ、ニンニクなどがあります。また、ゴボウ、レンコンなどは、ほぼ消化できません。キャベツ、白菜、モヤシ、イモ類、カボチャ、大根などを小さく切って与えましょう。ドッグフードのバランスを壊さないように少量にとどめましょう。

## キャベツが好きなようなのですが食べさせてもいいのでしょうか？

キャベツには、グルコシノレートという物質が含まれ、大量に摂取すると甲状腺に悪影響を及ぼす可能性がありますが、その影響が証明されているわけではありません。かなり長期間において大量摂取した場合に悪影響を及ぼすと考えられます。

健康上の問題を指摘されていないイヌでは、適量であれば全く問題はありません。むしろ、食物繊維や栄養素がとても豊富なため、胃腸にも良いとされています。しかし、カルシウム、リン、鉄、カリウム、マグネシウムなどのミネラル分も多く含まれているので、尿路系の結石を持つイヌにはキャベツに限らず野菜類は控えめにして下さい。

## ドッグフード以外に与えたらいいものはありますか？

ドッグフードは、バランスの取れた総合栄養食ですから、基本的には、ドッグフード以外に与える必要はありません。手作り食を与えたいと考える人もいますが、材料を吟味し、適切な調理法や量を加減するのは大変です。どうしてもドッグフード以外の食べ物を与えたいなら、ドッグフードの分量の10%程度を、茹でたササミやキャベツ、無糖のヨーグルトなどに置き換える方法があります。また、市販のイヌ用おやつを、やはり10%を超えない範囲で与えることは問題ないと思います。もちろん、おやつを与えるときは、ドッグフードの量をその分、減らします。

## 夏は食欲がなくなるので、手作りの食事を与えています。簡単で栄養がとれるレシピはありますか？

イヌに与えてはいけない食品は、ネギ類、チョコレート、生卵、塩分、香辛料、カフェイン、牛乳、アルコール、加熱した鶏や魚の骨、ジャガイモの芽、キシリトール、レーズンなどです。これらの食品を除外して与えて下さい。

イヌは、味よりにおいによって好みを選びます。例えば、ジャガイモは茹でたものより、焼いて潰してあげたほうを好みます。これをベースにして、ドッグフードやキャベツ、人参など野菜のみじん切りを混ぜ、人肌に近い温度に調整して与えてみて下さい。きっと喜んで食べてくれます。これにイヌ用の総合ビタミン剤のサプリメントを混ぜればベストです。

ただし、肥満や慢性疾患にかかっている場合には主治医に相談して下さい。

## 食事を与える時間は、朝と昼、夜、夜中ですが、問題はありますか？

幼犬の場合、それで構いませんが、成犬では多くて朝、昼、夜の3回か、朝、夜の2回で良いでしょう。なお、食事をとると便意をもよおすイヌもいますので、夜中には与えないほうが良いこともあります。

# 果物が好きですが、あげてもいいでしょうか？

注意を要する果物は、

・ブドウ・レーズンは腎不全を起こす危険性があります。干しブドウも危険です。

・プルーンの葉、種、茎に毒性があります。特にドライプルーンは危険です。

・アボカドの果実や皮に含まれる成分に中毒を起こすこともあります。

・ドライフルーツ、ジュース、フルーツ缶詰などの加工食品は糖質過多気味なので与えないで下さい。

・柑橘類の外皮にはソラレンという中毒物質が含まれており、下痢や嘔吐を起こすことがありますので与えないで下さい。

また、果物類につきものの種子をイヌが誤って食べてしまうと、腸閉塞を起こすことがあり注意が必要です。特に梅、桃やあんず、アボカドのような大きく硬い種子を飲み込んでしまうと大変危険です。

## イヌのガムを与え過ぎるのは問題がありますか?

イヌは、キシリトール入りのイヌ用ガムを中毒量摂取した場合、インシュリンが過剰に分泌し、低血糖症や、肝臓障害に陥るなどの中毒を起こす危険性があります。体重10kgのイヌが1gのキシリトールを摂取しただけでも症状が出現することもあり注意が必要です。

また、キシリトールを含有していないイヌ用のガムでも食べ過ぎた場合には、下痢などの症状が起こる場合もありますので適量を与えるようにして下さい。適量は、イヌ用ガムに記載されているか、または直接メーカーに問い合わせて下さい。いずれにしろ、イヌ用ガムは嗜好性が高いため、喉につまらせるような事故がしばしばありますので、与え過ぎないようにして下さい。

## ペットフード以外で食べさせていいものは?

逆に食べさせていけないものは、チョコレート、コーヒー、ネギ類（タマネギ、ネギ、ニラ、ニンニクなど）、生姜、ブドウ、キシリトールなどです。そのほかに塩分の多いもの、脂っぽいものも控えて下さい。これら以外でしたら基本的に食べさせても構いませんが、1日の摂取量の10%を超えないようにして下さい。

## ペットフードは1日1回だけ与えています。少ないのでしょうか？

成犬の場合、1日に必要な量を与えていれば、1回でも栄養的に問題はありません。ただし、1日に必要な量は、ペットフードの種類によって異なるため、与え始めるときには必ず目安となる量を確認して下さい。子イヌの場合は、消化管や肝臓が未発達で、下痢や低血糖を起こす危険性があるため、1日に必要な量を3回以上に分けて与えて下さい。

## 食事が不規則なのですが、大丈夫でしょうか？

1日に必要な量が摂取できていれば、栄養的に大きな問題はありません。しかし、空腹時間が長すぎると胃液を吐いたり、異物を食べてしまうことがあるので、規則正しい食事をしたほうが、健康を管理するには適していると思います。

## 何でもよく食べるので、少々肥満気味です。成人病を防ぐために気をつけることは？

成人病は、現在では生活習慣病と呼ばれており、癌（がん）、心臓病、脳血管障害、糖尿病、高血圧、動脈硬化などがその範疇に含まれています。イヌでも寿命が延びたことから、人と同様にこれらの疾患が多くなってきており、肥満が健康に悪影響を及ぼすことも確認されています。様々な病気の予防の第一歩として、塩分のとりすぎに注意し、適正体重を維持することが大切だと思います。

## 歯の治療で全部抜歯したのですが、どのような食事を与えたらいいですか?

全部の歯を抜いても、イヌやネコは通常のドライフードを歯茎で噛んで食べることもできますが、一般的には缶詰食などやドライフードをふやかして与えると食べやすいでしょう。

## ペットフードだけでは食べないので、ジャーキーなどを混ぜていますが、毎日続けても大丈夫ですか?

バランスの良いペットフードを与えており、ジャーキーなどのおやつの割合が10%以下なら栄養的に大きな問題はありません。しかし、通常のペットフードをさらに食べなくなる可能性があるため、時には食べるまで辛抱強く待ってあげることも大切です。ペットフードを食べさせるには、一定時間で食事を引き上げたり、種類や形状(ウェットまたはドライ)の違うものに変更することもひとつの方法です。

## 体重が重いので、食事を少なめにしていますが、体力的に問題ないか心配です。どうしたらいいですか？

極端な食事の制限は、体に必要なエネルギー不足を引き起こす危険性があるため、時間をかけて体重を減らす必要があります。目安としては、1週間に体重の0.5〜2％（体重10kgなら50〜200g）ずつ減量し、数カ月かけて適正体重にもっていくようにすると良いでしょう。また、低カロリーフードへの変更や、1日20〜60分程度の散歩を組み合わせることで、無理せず健康的に減量することができます。

## イヌの食事に塩味は必要ですか？

塩あるいは塩を含む調味料で味つけすることは危険です。人と違い、体表からほとんど汗を出さないイヌは、同じ体重比ですと人間の10％くらいの塩分しか必要ありません。余分な塩分は、腎臓《じんぞう》や心臓を傷め、それらの病気を進行させます。イヌに塩辛とか塩サバとか、とんでもありません。

## カルシウム剤（サプリメント）を与えても大丈夫ですか？

カルシウムは体に吸収され、血液凝固や筋肉の収縮、神経の刺激伝達、また骨に至ってはその大部分がカルシウムで構成されていて、体には重要な成分のひとつです。カルシウム剤を与えたときの問題は、過剰になった場合です。便や尿から排泄される限界を超えると、過剰なカルシウムは骨組織に移行し、関節障害や若齢犬においては骨格の発育障害をきたします。愛犬が健康で、適合した総合栄養食を与えていればサプリメントは必要ありません。投与する前に獣医師に相談しましょう。

## 偏食が多いのですが、対処方法はありますか。

いろいろな方法を試して、愛犬に合う方法を探して下さい。次に箇条書きをします。

・総合栄養食のドッグフードを与え、「これしか食べ物はない」と思わせ粘る。このとき、与えて15～30分で食べなければ食器を下げる。そして、次の食事時間に同じ種類のものを与える。頑張って1・5日から2日までが限度。

・ドライフードであれば温水を加え、人肌程度のものを与えてみる。

・人の手から直接与えてみる。

・人が食べる真似（あるいは本当に食べる）をしてから与えてみる。

・好きなものをほんの少しトッピングするか、混ぜる。

・手作りの総合栄養食を与える。しかし、作るのはかなり困難。

・捕食行動が強いイヌには投げ与えたり、食器に入れず、ばらまいたりしてみる。
・与えて食べなかったら取り上げてすぐほかのイヌに食べさせ、それを見せる。ただし、闘争になることがあるため、ケージ越しにやるなどの注意をすること。
・病気かもしれないので、獣医師の診断を受ける。

## 防腐剤にアレルギーがあると診断され、療法食をすすめられました。自分で対処することはできますか?

ドッグフードの中でも半生タイプ、ジャーキー、ガム、ドライフードなどの形態のものは防腐剤が必要となります。缶詰、パウチのようなウェットタイプなどを選択してみてはどうでしょうか。あるいは、しっかりした教本をもとに手作りの総合栄養食を与えてみてはどうでしょうか。

## アリを生きたまま食べてしまっても大丈夫ですか?

アリの種類や大きさにもよりますが、日本でよく見かけるクロオオアリやクロヤマアリなどのヤマアリ類をイヌが数匹食べたところで特に問題はないと思います。アリの体内の蟻酸《ぎさん》を心配された質問かもしれませんが、中央労働災害防止協会の安全衛生情報センターのデータによると、ラットのLD50（投与した半数の動物が死亡する量）は730〜1830mg／kgと記載されています。1匹のアリの体重を種類にもよるが、約5mgとすると1匹のアリ体内の蟻酸含有量が体重の約20%とすると（イヌとラットのLD50が同じだと仮定して）、体重3kgのイヌのLD50に相当するアリは2190〜5490匹と算定され、一般的には考えられない数値です。アリの種類にもよるが、蟻酸以外にもアリの体内には刺激性のあるタンパク質やペプチドなどの毒液を含むものもあります。

## イヌはレモンを食べても大丈夫ですか？

多くのイヌは、柑橘類をあまり好んで食べない傾向にありますが、健康なイヌがレモン果実を少し食べても大変な問題は起きないと思います。レモンを含む柑橘類の外皮に多く存在するソラレン化合物（薬剤としてはメトキサレン製剤・人の尋常性《じんじょうせい》白斑《はくはん》の治療薬）には、光線過敏症を起こす可能性がありますが、外皮にのみ含まれるといわれているので、一切外皮を含まない果実は安心であると考えます。質問者のレモンは、外皮を一切含まないものというのであれば食べても大丈夫ということになりますが、外皮もレモンの一部と考えるなら念のため控えたほうが良いと思います。レモンの皮をイヌに食べられないように、後始末はしっかりしましょう。

## イヌが毛虫を食べたときの対処法は？

毛虫の毒は、チャドクガの幼虫などのような毒針毛《どくしんもう》を有するものや、イラガの幼虫などのような毒棘《どくきょく》により皮膚炎を起こすものがあります。日本では、毒針毛や毒棘を持つ毛虫は意外に多くないので、イヌが食べてしまったときに毛虫の種類が特定できていない場合は、犬が口の周りや口の中を気にしているか冷静に判断して、不用意に素手でイヌの口腔内を見ないほうが良いと思います。念のために、動物病院へ受診するほうが無難かもしれません。

## イヌが留守の間にチョコレートを全部食べてしまいました。大丈夫でしょうか？

チョコレート中毒は、イヌでは有名です。チョコレート中のメチルキサンチンアルカロイドの過剰摂取が原因の急性の胃腸、神経および心臓を障害する中毒です。最初の症状は、摂取後2～4時間でみられる嘔吐と下痢です。利尿作用により尿量が増加することもあります。イヌにおけるカフェインおよびテオブロミンの最小致死量は100～200㎎／㎏の範囲と報告されています。半減期は17・5時間です。死亡は、摂取後12～36時間で起こります。食べてしまった場合は、製品名と量を獣医師に伝えて、的確な対応が必要になります。

## タマネギはなぜ与えてはいけないのですか？

イヌがタマネギを食べることで溶血性貧血《ようけつせいひんけつ》を起こすことは有名です。原因物質は、sodium trans-1-propenylthiosulfate,sodium cis-1-propenylthiosulfate, sodium n-propylthiosufate という3つの成分が日本の研究者により報告されています。タマネギ中毒に高い感受性を示す血液（HK型）のイヌ（特に日本犬に多い）が、特に急性中毒を起こすと考えられています。基本的には、可逆性の溶血性貧血ですが、急性中毒の場合は死亡する場合もありますので、イヌには与えないほうが良いでしょう。生より加熱処理したもののほうが中毒を起こしやすいと考えられています。

## 鶏の骨はなぜ与えてはいけないのですか？

鶏の骨に毒物が含まれているのではなく、生《なま》または通常に調理された鶏の骨は、鋭く割れることにより、食道に傷をつけたり刺さってしまう心配があるからです。無事に胃に到達した鶏の骨は、量がたくさんの場合は、胃や十二指腸などの小腸にも傷害を与える可能性はありますので安心はできません。ちなみに、高圧でボイルされて軟らかくなった鶏の骨（ケンタッキーフライドチキンなど）は、少しくらい食べても大きな異常はないと考えます。

## イヌに与えていい魚の骨はどの程度でしょうか。また、その種類は？

人間が食べて喉に引っかかりそうな骨（大きい、硬い、鋭い）の魚は与えるべきではないでしょう（タイ、メバル、ソイ、カジカ、サバ、サケ、ブリなど）。特に、小型犬の場合は要注意です。魚の種類は山ほどあるので、食べても良い魚、ダメな魚というより、大きな魚の硬く大きな骨は与えないほうが良いでしょう。イヌに魚の骨を与える人の多くが、カルシウムを与えることを目的としていますが、カルシウムの吸収率は乳製品が約50％であるのに対して、小魚は約30％と危険をおかしてまで与えるカルシウム源ではないと考えます。それでも与えたいという方は、圧力鍋で骨質が軟らかくなるまで調理して与えることは可能であると思います。

## カレーを食べても大丈夫でしょうか？

カレーライスのカレーには、タマネギが混じっていることが多いので与えないほうが良いと思います。刺激性があるという点では、カレーに含まれる香辛料も与えないほうが良い理由になります。

# イヌに与えてはいけないものは?

タマネギ、長ネギ、ニラ、ニンニクなどネギ類、ブドウ、チョコレート（カカオ）、キシリトール、ジャガイモの芽、鶏の骨、魚の骨などは少量を与えることも避けたほうが良いでしょう。そのほかにも、多量に与えると支障をきたすものや、個体差により体に合わないものなどもありますので、信頼のおけるドッグフード以外にいろいろと与える食生活は危険がともなうことが多いでしょう。

# 高齢ペットについて

DOG

## 高齢犬というのは、何歳くらいからをいうのですか？

小型～中型犬の場合は8歳、大型犬の場合は7歳くらいから老化が始まります。一般的には小型犬が長生きします。最近では、人も長寿なので、高齢の基準の感覚が高くなっていますが、人に類似したような感覚では、13歳位からでしょうか、感覚での基準なので多少まちまちです。イヌは1歳で、人の20歳に相当し、その後1年が人の4歳に相当します。例えば、イヌの13歳だと人に例えると20＋12×4＝68歳となります。当てはめてみて下さい。

## 16歳の高齢犬ですが、日常生活で気をつけることはありますか？

人と同じように、イヌも年齢を重ねると足腰が弱くなる、目や耳がきかなくなる、腫瘍ができやすくなるなど、いろんな困ったことが起こります。

散歩の際は、若い頃に比べ歩く距離や速さを調節してあげましょう。また、体温調節機能も低下するので、夏場の熱中症や冬の低体温症にもなりやすく、飼育場所や気温管理もより重要となります。目や耳が不自由になると、後ろから急に近づくとすごくビックリしてしまうイヌもいます。近づき方も調整してあげる必要が出てくるでしょう。

このように日常生活で気をつけることでうまく管理できることもあれば、薬やサプリメントで症状が軽くなる、もしくは進行を遅らせることができるものもあります。また単なる老化ではなく、恐ろしい病気の症状だったという場合もよく経験します。

ですので、もし数カ月前、数年前と比べてのイヌの変化に気づかれたなら、「高齢だから」と思いこまずに、気軽に獣医師に相談されることをおすすめします。

## 少しでも長く動けるように食事、運動のほか、気をつけることはありますか？

マッサージをしてあげることで、筋肉や関節をほぐし、運動器疾患の予防や改善を期待することができます。具体的な方法は、イヌの状態によって変わりますので獣医師に相談してみて下さい。また、足腰が弱くなってくると家の中の少しの段差でも、歩きづらかったり、つまずいてけがの原因になったりする場合がありますので、段差に板を設置して段差をなくすなどの配慮をしてあげると良いでしょう。

## 高齢犬のマッサージ方法はありますか？

高齢で体が衰えることを、漢方では腎虚《じんきょ》と言います。腎に効くツボは、前足の親指、膝の下の凹んだ所、くるぶしのあたり、お腹の真ん中、腰にあります。温めてあげましょう。さする、ブラッシングも効果的です。

## 被毛と毛色は加齢とともに変化がでてくるのでしょうか？

人と同じようにイヌも年を取ると白髪が増え、全体的に毛色が薄くなっていきます。
白髪は、顔が一番目立ちます。また被毛も細く、薄くなっていきます。

## 老犬がいなくなって1週間経ちますが、捜す方法はありますか？

飼っていたイヌがいなくなった場合は、最寄りの警察と保健所や動物管理センターに連絡して下さい。保護される可能性があります。そのほか、ご近所の人に聞いてみる、あるいは老犬でしたら病気やけがをしやすいので、お近くの動物病院に問い合わせてみられたら、何か情報があるかもしれません。公共施設など、人がたくさん集まるところに許可を得てポスターを貼る、新聞広告を出すなども有効かもしれません。

## 高齢のイヌが、食事中にひっくり返ってしまいます。対処法はありますか？

近年、イヌの寿命は延び長寿な動物になっています。12～13歳を超えると骨関節の老化が急速に進行します。食事中にひっくり返るとのことですが、前肢、後肢で体を支えることができなくなっている状態と思われます。食事中はハーネスのようなもので体を支えてあげたり、少しの介添えで立てるのであれば、手で介添えをしてあげる、四肢の下に滑り止めを置いてあげたりするなど、工夫してみて下さい。また、首を若いときのように地面に近づけることが困難な状態になっているのであれば食器や水の位置をそのイヌにあった高さに置いて食事をさせる方法が良いと思われます。

ハーネスは、前肢、後肢、胸や胴回り全体を支えてあげるものなどが市販されています。

## 10歳のイヌにこの年齢でワクチンを受ける必要はあるのでしょうか？

ワクチン接種は、原則として健常なイヌとなりますが、10歳の年齢（人間の前期高齢者）では、大きな基礎疾患がない限りワクチン接種は必要と思われます。現在、公園やドッグランなどへの散歩ができるのであれば不特定多数のイヌとの接触、また、加齢とともに免疫力も若いときに比べて大幅に低下していることから、予防接種は必要と思われます。

13歳（人間の後期高齢者）を過ぎ、老化が進行し衰弱していたり、基礎疾患などが悪化していれば予防接種は見合わせても良いと思われます。

# 高齢のイヌがかかりやすい病気とは？

現在のイヌの寿命は非常に延びており、以前より腫瘍疾患や循環器疾患が増えています。病気のすべてをお伝えすることはできませんが、日常の臨床経験から、特に老犬がかかりやすい主な疾患を分類し、病名を以下に記します。

①**眼科疾患**（白内障等）
②**神経疾患**（認知症、前庭障害症候群《ぜんていしょうがいしょうこうぐん》等）
③**泌尿器・生殖器系疾患**（慢性腎不全《まんせいじんふぜん》、膀胱炎、子宮蓄膿症《しきゅうちくのうしょう》等）
④**代謝性疾患**（糖尿病等）
⑤**呼吸器疾患**（慢性気管支炎、気管虚脱等）
⑥**循環器疾患**（僧帽弁閉鎖不全症《そうぼうべんへいさふぜんしょう》等）
⑦**腫瘍疾患**
⑧**運動器疾患**（椎間板ヘルニア、変形性関節症等）

## 近頃、高齢犬が多飲多尿です。食欲はありますので様子観察でよいのでしょうか？

老犬の多飲多尿は、いろいろな病因で起こります。代表的な病気は、慢性の腎臓病、糖尿病、副腎皮質機能亢進症、甲状腺機能亢進症、未避妊のメスイヌならば子宮蓄膿症などです。そのほかにも多飲多尿を起こす病気はたくさんあります。家族の方がその症状に気づいたときは、異常と考え、たとえ食欲があっても、動物病院を受診しましょう。

## 15歳の高齢犬の散歩時間が短くなりました。筋力アップのためにも、無理矢理歩かせたほうがいいですか？

15歳の年齢となると、筋力の低下、聴覚の低下、失明（重度の白内障）、歩行に障害をもっている老犬が多数見受けられます。

今後、加齢とともに、散歩の時間はより短くすべきかと思われます。全く散歩をさせないというのではなく、その日のイヌの体調に合わせて散歩をすることが必要です。帰りたい動作をしたときは散歩を切り上げてそれ以上歩かせず、自宅にたどり着けないときは抱っこをしてあげ帰宅して下さい。無理矢理の散歩は慎むべきです。

## 高齢犬で外出は好きなのですが、負担をかけずに散歩する方法はありますか？

イヌは、ネコと違って外の景色を見ることを好みます。小さなイヌであれば抱っこをして、大きなイヌであればバギーのようなものに乗せて、用便をすればその近辺を短時間散歩させることが好ましいと思います。くれぐれも無理矢理引っ張って行くような散歩は慎んで下さい。

12～13歳を超えると、急速に骨関節炎が進行します。ご質問のように、もうすでに足腰に症状が出ているようですので、骨関節を強くするサプリメントの経口投与や対症療法等で、歩けなくなり寝たきり状態になることを防ぐことが可能ですので動物病院にご相談下さい。

## 小型の老犬ですが、朝晩の散歩時間はどのくらいがいいのでしょうか？

散歩時間に関しては犬種や年齢だけでなく、体調や個体差もあるため一概に何分が適切とは言えません。散歩中や散歩後の様子を見ながら時間や距離を調節してあげることが大切です。具体的には、歩くペースが途中で落ちたり、座り込んでしまう場合には距離を短くし、帰宅後もすぐにおもちゃで遊んだり、遊びを求めてくるようであれば距離を延ばしてみても良いでしょう。また、高齢のイヌは、暑熱や寒冷に対する耐性が低下してくるため、散歩に行く時間帯にも配慮してあげましょう。

## 老犬の散歩を2回から1回にしてもいいのでしょうか？

高齢になると足腰が弱ってきて、散歩の回数を減らしたほうが良いと思われる飼い主も多いと思います。しかし、イヌによっては散歩中にしかトイレをしない子もいれば、散歩がストレス解消になっている子もいるでしょう。もし足腰が弱い、疲れやすいなどの理由で散歩量を減らすのであれば、回数を減らすのではなく、1回の散歩の距離を短くしてあげると良いでしょう。

## 老犬ですが、足腰が弱って散歩に行きたがりません。無理に行かせることはないですか？

本当に老齢で足腰が弱っているだけなのかを病院に連れて行って調べてみてはいかがでしょうか？　心臓や内臓の病気や、関節の病気、あるいは腫瘍などのせいで散歩に行きたがらないことも考えられます。単純に老化とは言えないかもしれません。もし、単純な老化であれば、無理に行かせず、日光浴だけでも良いと思います。

## 老犬になり、夜間だけおむつをしています。四六時中おむつをしていても大丈夫ですか？

年を取って排便排尿のコントロールが難しくなったり、排泄物で体を汚してしまうような場合には、どうしてもおむつが必要になることがあります。

おむつをすると、周囲は汚れませんが、排泄物を閉じ込めた状態になりますので、皮膚炎や、尿道からの感染で、膀胱炎が起こりやすくなります。

できれば長時間の使用は避け、便をしていたらできるだけ早く交換してあげて下さい。

## 老犬の食事は、1日何回でいいのでしょうか?

老犬の場合では、消費カロリーも減り、また消化器官も衰えてくるので1日1～3回程度消化のよいものを与えて下さい。

## 高齢になると体温調整が難しくなると聞きました。夏、冬に気をつけなければいけないことはありますか?

高齢になると体温の調節機能が低下し、体温調整がきかなくなってきます。イヌは、元来寒さには強い動物ですが、暑さには非常に弱い動物です。

室内飼育の場合、夏は窓を閉め切った日中は部屋の温度は40度を超えるといわれていますので、戸締りをしてイヌを家に残す場合は、エアコンを23から28度の間に設定し、同時に湿度管理も行って下さい。室外飼育の場合、すだれのような風通しの良い日よけを設置し直射日光をさえぎり、時間帯によっては日の照らない場所に移動し、扇風機をあてであげるなどの注意が必要です。保冷マットを敷いてあげるのもすすめられます。

特に高齢な室外犬は熱中症（開口呼吸、体が焼けるように熱い、発熱、脱水）に注意が必要です。熱中症では、体温が40から41度くらいに上昇しており、緊急な場合は首から下の上半身、下半身全体にかけてホースでゆっくり水をかけ、開口呼吸の停止または体温が38度台になれば水かけを中止してあげて下さい。

上記に記したように、イヌは寒さに強い動物ですので過度の暖房は慎むように。コタツやヒーターの温度は一番弱い「弱」に設定しておきましょう。「中・強」にして長時間座っているときなどは低温やけどを起こすことがあります。

## 高齢で足腰が弱ってきています。フローリングの滑りやすい床での生活が心配です。改善方法は？

イヌは、8歳を超えると老化が始まります。13歳を超えると急に聴覚や視覚の老化、足の震え（特に後肢）が進行してきます。対策としては、段差の大きなところには小さなスロープや階段を作ることがすすめられます。

フローリングは滑りやすく、捻挫や脱臼、骨折、打撲などの怪我の危険性があるので、予防のために爪が引っかからない程度の毛足の短いじゅうたんや、マットを敷いて滑りを防いであげることがすすめられます。

## 高齢になり、鳴いたり徘徊があります。どのように対処したらいいでしょうか?

高齢になると人間と同様に、イヌでも認知症がみられることがあります。鳴いたり徘徊するのもその一環の症状と思われます。そのほかにも夜鳴き、失禁、不適切な場所での排泄などの症状が現れることもあります。原因が高齢による認知症とは限らない場合もありますので、かかりつけの獣医師に相談して下さい。薬物の投与で症状の改善がみられる場合もあります。

## 高齢になって運動不足が気になります。肥満防止には何を食べさせたらいいですか?

高齢の肥満動物に、運動によって体重を減らすということは一般的にはしません。関節や腰、心臓や肺に負担をかけ、かえって悪影響が出かねないからです。栄養摂取を減らしてカロリーを制限することで肥満を予防しようという考え方です。蛋白質、炭水化物、脂肪の取りすぎが肥満の原因になります。とは言え、極端に減らして健康を害しては元も子もありませんから徐々に減らしていくのが良いと思います。また減らすのも上記の栄養素をバランス良くすることが大切です。蛋白質だけとか脂肪だけ減らすというのは良くありません。肥満用フードや動物病院で扱っている特別食を利用するのが良いと思います。大事なことは自分で判断せず、かかりつけの先生に相談して本当にダイエットが必要なのか、どれくらいダイエットすればいいのか見極めて頂くことが大切です。

## 10歳以上の高齢犬が肥満の場合、エサは高齢犬用と肥満予防用と、どちらがいいのでしょうか？

ドッグフードには、高齢犬用や減量用フードのほか、肥満傾向の高齢犬用（シニアライト）フードも発売されており、そちらを選択される方を多く見かけます。しかしながら、安易にフードを決定せずに犬種や肥満度、基礎疾患の有無を総合的に考慮して選択されることをおすすめします。

例えば、同じ10歳でも小型犬と大型犬では人間の年齢に当てはめると大きな差があります。また一見元気に見えるぽっちゃりのイヌでも、実はホルモンの病気（甲状腺機能低下症など）にかかっている子も多く見かけます。中には痩せていて病気でお腹が膨れているのを太っていると勘違いされているケースに遭遇することもあります。

フードの選択に迷われたら、動物病院で健康診断を受けて相談してみると良いでしょう。

## 老犬でイボがたくさんできています。食事の影響でしょうか？

一般的に「イボ」と表現されるものには、皮膚炎や良性腫瘍、悪性腫瘍のほか、正常な細胞が過剰に増殖する過形成《かけいせい》等が含まれます。それぞれ原因や治療法は異なりますが、かゆみをともなったイボでなければ食事のみが原因とは考えにくいです。また、皮膚の腫瘍には皮脂腺腫や毛包上皮腫《もうほうじょうひしゅ》等の良性腫瘍のほか、肥満細胞腫、基底細胞癌《きていさいぼうがん》など早期の治療が必要となる悪性腫瘍も含まれるため、異常を見つけた場合は早めに受診されることをおすすめします。

## 高齢犬の介護方法や生活面で注意することは？

高齢犬は、足腰が弱っている、視力や聴力、嗅覚が衰えているということを考慮して飼育しなくてはなりません。居場所も飼い主がいつも目が届く場所が良いですし、床ずれを防ぐためにも柔らかい敷物が必要です。排泄場所もいつも居る場所となるべく近いほうがいいですし、滑らない床の工夫も必要です。以前からの生活場所を変えるのも不安や食欲不振の原因となります。

老犬用の消化吸収の良い食べ物を与えたり、いつもの生活環境を守りながら温度、床や敷物、トイレの場所などを工夫すれば良いでしょう。

## 老犬となり夜鳴きがひどいのですが、認知症なのでしょうか？

飼育環境、栄養摂取の向上、予防医学の発達にともないペットの寿命は長くなってきています。それにともない、高齢となったペットも様々な疾患の発生が増えてきています。認知症も同様に増加してきています。正式名称は、認知障害症候群と言われています。イヌの認知症は、様々な症状として現れますが飼い主が困っている昼夜逆転で夜寝ない、夜鳴きをする、旋回運動をする、遊泳運動をする、不適切な排泄などがみられるようになります。

## 日本犬は認知症になりやすいと聞きましたが、なぜなのでしょうか？

おっしゃるとおり日本犬やその雑種、特に柴犬に認知症は多いように感じます。おおざっぱにイヌの体格を分けると小型犬、中型犬、大型犬と分けられますが、その中で中型犬は小型犬や大型犬に比べ長寿ですし、日本犬や柴系のイヌはとりわけ長生きする傾向があります。無理のない体型なのかもしれません。そうなると長生きする日本犬が認知症になりやすいのは当然なのかもしれません。また、生活環境などほかの要因も影響します。現在認知症についてはいろいろ研究がなされていますがまだよく解明されていません。

## 高齢になって、視力が落ち、耳も聞こえなくなって壁にぶつかったりします。いい防護方法はありますか？

高齢になり認知症を発症したイヌは、部屋の中を同じ方向に回ったり（旋回運動）、部屋の隅に入り込んで出て来れず鳴き出す場合があります。段ボールなどを利用して部屋の角隅を丸くしてイヌが止まらないようにスムースに曲がれるように工夫するのも一方法ですが、最近では既製品も販売されているようですから、そのような製品を利用するのも良いと思います。

## 石が溜まりやすく、病院からすすめられた食事にしていましたが、数年後また石が溜まり、食事を変えるという繰り返しです。同じ食事を続けるにはどうしたらいいですか？

石と言うのは尿路結石のことと思われます。動物病院で扱う処方食は、様々な病気に対応する種類がありますし、かつ効果も期待できるフードです。そのうち、結石用処方食には結石を溶解する、あるいは結石を新たに作るのを予防する効果が期待できます。

処方食を食べない、あるいは最初は食べていたけど次第に食べなくなる、という場合もあります。一般的にフードに飽きるというのは以前からグルメ犬というか、人が食べるものも含めていろいろなものを食べさせていた場合に多く見られます。

そのような場合は、ご質問にあるように治療がうまくいかなかったり、再発したりする場合が多いように感じます。

飼い主が一大決心して処方食以外与えないようにして根比べになろうかと思いますが、頑張ってみるのもひとつの方法です。イヌは、食事を食べなければ飼い主が根負けして別の食事をくれると思っているかのような振る舞いをする場合があります。ペットの態度や様子をよく観察して見極めることが大切です。

## 高齢で寝たきりになってしまいました。穏和な性格でしたが、怒りっぽくなり、体を触られるのを嫌がり、排泄処理のときに噛むこともあります。どうすればいいですか？

高齢の動物は、寝たきりにならなくても何となく若い頃に比べ性格の変化があるような気がします。ある場所を触られるのを嫌うようになったり、言うことをきかなくなったりということです。イヌが寝たきりになると、自分の思うように体を動かせず排泄場所もおむつの中ですから違和感はあると思います。排泄場所の処理もその違和感や痛みから怒りっぽくなる場合もあるでしょう。声をかけたりなでたりして落ち着かせ、これから処置をするよ、というサインを出します。また一人が声をかけたりなでたりして気を紛らわせている間に、もう一人が排泄の処理を行うようにすればよいかもしれません。その動物の性格や状況に合わせた世話が大事です。一人で日々世話をしていると、挫折したりあきらめたりすることもありますので、相談できる先生なりドッグトレーナーの方がいればいいですね。

## 高齢犬になると歯石も溜まってきます。心臓が悪いと取ってもらえないので、薬を塗るしかないようですが、いい方法は？

一度歯垢がつくと、唾液中に含まれる成分であるカルシウムやリンが歯垢の上に付着し、歯石へと変化します。歯石の表面は、でこぼこしているのでそこにまた歯垢がつきやすくなり、どんどん重症化していきます。一度重症化した歯石は、イヌの場合、全身麻酔下で除去するという方法になります。高齢で心臓が悪いとなると麻酔のリスクが高くなります。歯石が原因となる障害の程度と麻酔のリスクとを比べ処置を選択しなければいけません。麻酔下の歯石除去をあきらめる場合は、根本的な除去はできませんが、歯石予防を目的として作られた特別療法食や補助食品を与えてみる方法で口臭などの軽減が期待できます。ハミガキも継続してあげて下さい。

# その他

## イヌが死んだときに必要な手続きは？

まず、最寄りの市町村役場に、死亡したことを連絡して手続きをとって下さい。また、かかりつけの動物病院や、ペットの美容院などがありましたら、そちらにも連絡して下さい。そのほかペット保険に加入していた場合、その保険会社にも連絡して下さい。葬儀等のことは、お近くのペット葬儀会社に尋ねられると、アドバイスしてくれると思います。

DOG

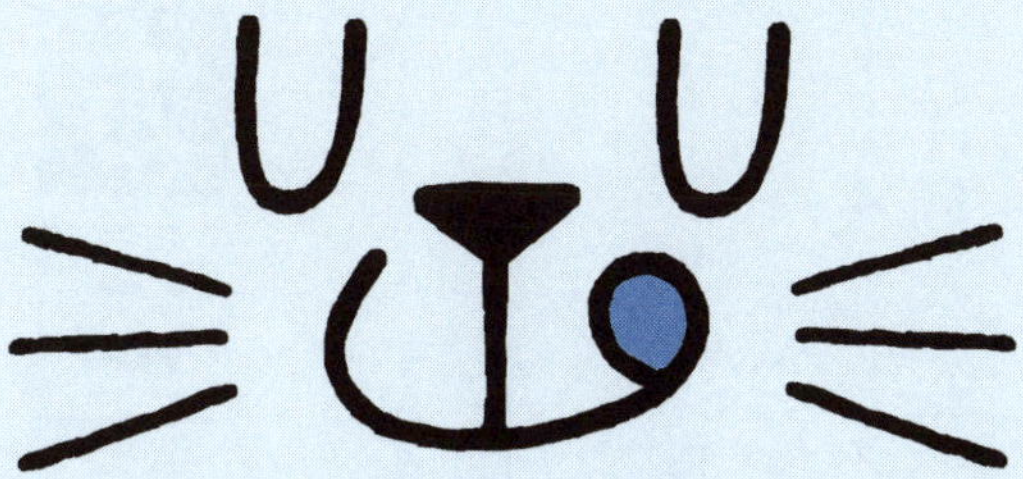

# CAT
ネコ

# 飼い方について

CAT

## 多頭飼育のメリット、デメリットは?

1頭飼育のメリットとしては、他ネコからの精神的ストレスがないこと、病気になったときに気づきやすいことなどです。逆にデメリットとしては、飼い主以外の遊び相手がいないことから運動不足になったり、飼い主が不在のときに精神的な不安を感じたりすることです。一方、多頭飼育のメリットは、性格の問題がなければネコ同士で遊ぶことで運動不足やストレスの解消ができることです、しかし、掃除や性格の不一致によるケンカなどで飼い主の負担が大きくなる場合もあるのがデメリットです。

## イヌやハムスターと一緒に飼うことはできますか?

イヌとの同居は可能です。イヌとネコを同居させた場合、イヌは、床面で生活します。ネコは、イヌの届かないところに安全な避難場所を設置して下さい。棲み分けをすることで、ほとんどの場合は、特に問題なく過ごさせることができます。ただし、相性が合わない場合は、闘争による重大な事故が発生することがありますので、直接の接触がないように隔離することが必要です。

ハムスターとの同居は、不可能ではありませんがすすめられません。多くは、肉食動物と同居するとハムスターがストレス状態に陥ってしまいます。ただし、同室でなければ特に問題なく過ごす場合もあります。その場合でもネコに触った手で直後に接触することは避けて下さい。必ず手を水洗いしてから触れるようにして下さい。

## イヌやハムスターなど様々な動物を一緒に飼う場合、それぞれどんな性格がいいのでしょうか？

結論から言うと一緒に飼うことは可能ですが、それぞれの動物をどのような環境で生活させるか、またそれぞれの動物の性格や相性によります。

まず、ネコとイヌを一緒に飼うことに関しては、それぞれの性格と相性次第です。イヌがネコに対して取る行動には3つのパターンがあります。1つ目は、ネコに対して攻撃的で吠えたり追い回したりする場合、2つ目はネコに対して好意的に接する場合、3つ目は無関心またはイヌのほうが怯えて逃げる場合です。1つ目のネコに対して攻撃的であったり、吠えたり追い回したりするイヌは、狭い環境で同居することは問題で、ネコにとっては大きなストレスになってしまいます。イヌをしつけることで改善することもありますが、簡単ではありません。2つ目のイヌがネコに対して好意的に接する場合には、ネコがそのイヌを受け入れるかどうかが問題となります。多くのネコは初対面のイヌが近づいてくると怖がって逃げるか、逃げ場がなければ攻撃することがあります。この際、ネコパンチでイヌのほうが角膜損傷や鼻鏡裂傷《びきょうれっしょう》など深刻なけがを負うことがあるので注意が必要です。いずれにしてもネコにとってリラックスできる安全な場所（セーフティーゾーン）を確保してあげることが重要です。

次にハムスターですが、ネコはもともとネズミなどの小さな動物を狩猟する本能があります。ネコとネズミが仲良く添い寝したり、一緒に遊んでいたりする写真や動画がテレビやネットで取り上げられることがありますが、これは珍しいことなのでニュースになると思ったほうが良いでしょう。ハムスターは、ケージで飼育して、ネコが近づけないようにしておけば問題はありません。

なお、同居する動物がお互い子供のときから一緒に生活していると仲良しになれる可能性が高くなります。これにはイヌやネコでは若齢期（2～3カ月齢時）の社会化が重要であると考えられています。

## もう1匹ネコを飼おうと思いますが、どのような種類でも構いませんか？

実際には、どの種でも構わないと思いますが、飼い主が、どのような目的かと飼育環境によると思います。

例えば、純血種の子ネコがほしければ同種の猫ですし、毛の手入れができなければ、短毛種のネコでしょう、一般に、同種だから異種だからと愛想の差はないです。

## 多頭飼いの注意点とは？

すでにネコを飼っている家庭で新しいネコを同居させることに関しては、飼育環境によっても異なりますがいくつかの注意が必要です。

まず、新しいネコとの相性ですが、性別や年齢によって違いがあることが経験的に知られています。性別では、異性同士のほうが同性同士よりも相性が合いやすいと言われています。もし、すでにメスネコを飼っているのであれば、新しいネコはオスネコを選ぶといった感じです。年齢的には若いネコほどほかのネコを受け入れやすく、逆に高齢になるとほかのネコと仲良くなりにくい傾向があります。実際のところお互いの性格や相性に大きく左右されることなので、もし相性が合わなかった場合には生活環境を配慮してあげることで対応できるかもしれません。

新しいネコを同居させる場合、最も重要なことは、すでに飼育しているネコも含めてネコの健康状態です。健康であるかどうかのチェックでは、特に感染性の疾患があるかどうかが重要で、ノミなどの外部寄生虫や回虫などの消化管寄生虫、皮膚糸状菌症《ひふしじょうきんしょう》（白癬《はくせん》）などの真菌性疾患、さらには猫カゼや猫白血病ウイルスや猫後天性免疫不全ウイルスなどウイルス性疾患に罹患《りかん》していないかどうかなどが重要です。一見健康そうにみえても、検査ではじめて確認される疾患も多いので、同居させる前に動物病院で詳しく健康診断を受けることをおすすめします。新しいネコの健康状態に問題がないことが確認できるまでは基本的には隔離して既存ネコと接触させないようにして下さい。

もし、新たに飼おうとするネコに猫白血病ウイルスや猫後天性不全ウイルスなど根治治療《こんちちりょう》が困難な感染症が認められた場合、ほかの感染症を予防し、病状を悪化させないための注意が必要であり、獣医師に相談していただく必要があります。

## 8歳と4歳のオスネコが、よくケンカをします。仲良くさせるには？

限られたスペースで複数のオスネコが飼育されている場合には、どうしてもケンカが起きます。ケンカがなくなるわけではありませんが、去勢手術は一般にケンカの激しさを和らげる効果が期待できると思われます。自宅での対処法としては、2頭のオスネコそれぞれが安心して居られるスペースを確保すると良いでしょう。当然、食器やトイレを共用しなくて良いように、また離れた場所に安心できる寝床も必要です。できるだけ2頭が直接顔を合わせずに生活できるスペースを確保しましょう。また、しばらくはドアなどで仕切られた空間で完全に2頭を隔離しておき、においや気配でお互いの存在に慣れさせるのが良いでしょう。いずれにしても簡単に短期間でケンカをなくすることはできません。気長に2頭の様子を観察し、2頭に最適な距離感が保てるように工夫しましょう。

## イヌっぽい性格のネコはいますか？

猫種によりある程度の性格の傾向（独立心が強い、人なつっこい等）はありますが、その上で個体差もあり様々な性格のネコが存在します。そのため、イヌのような性格のネコもいるかもしれません。また、飼い主や飼育方法によっても性格は変わっていくでしょう。

## ネコを飼う前に準備しておくものは？

「物」の準備と同時に飼育環境についても考えておきましょう。屋内で飼育する場合は、勝手に外へ出て行かないようにドアや窓の対策は大丈夫でしょうか。屋内に小鳥やハムスターなどの小動物はいませんか。ネコが安心して眠ったり排泄する場所も必要です。猫のいる生活の様々な場面をイメージして、必要な環境を整えておきましょう。

ネコを迎える前に準備しておくものとしては、食器、水入れ、ネコ用トイレ、トイレの砂、寝床、フードなどがあります。フードはネコの年齢によりますが、生後1カ月弱くらいから離乳食を始めます。生後2カ月を過ぎる頃には、子ネコ用フードをお湯で少しふやかして食べるようになります。そのほかにはブラシや爪とぎも必要になります。

## ネコの飼い方の基本とは？

まず飼う前に飼育環境を準備しましょう。私は是非、室内飼育をおすすめします。戸外では、交通事故をはじめ薬品（農薬）、有毒植物、伝染病、寄生虫など、危険でいっぱいです。室内には、食器、寝床、トイレ、爪研ぎなどを準備しましょう。

また、有毒な観葉植物、殺虫剤やネズミ取り（殺鼠剤）、針や刃物、飼い主が大事にしている壊れ物などは排除します。

さて、子ネコを連れてくるときは2カ月くらいまで親元においてからにしましょう。その後の健康や心の発達に大きく影響します。

名前をつけて優しく呼んでみます。偶然にでも来たときは、なでながらおやつを与えましょう。

決して、名前を呼びながら叱ってはいけません。叱るときは、「ダメッ」「メッ」「ノー」などの短い言葉を1つ決めはっきりと言いましょう。

トイレは、静かな落ち着く所に専用の砂を入れておきます。眠って起きてきたときや食後に、においをかいで穴掘り(床をかく)をしたときは、そっとトイレに連れて行きましょう。うまくできたときにおやつを与えるのもいいでしょう。「ここでしなさい!」と叱ると逆効果になります。

特に子ネコの場合は、じゃれまわるハイなときと、そのあとにゆったりと落ち着くときがあります。そのタイミングで親ネコが舐めるように体を触りながらコーミングやブラッシングをします。はじめは慣れるように短時間で無理がないようにしましょう。

環境に慣れ、生後2~3カ月頃に健康診断を兼ねてワクチン接種をしましょう。室内飼育の場合でも空気伝染するものは必須です。また、ネコもフィラリアに感染することがあります。フィラリア予防についても相談される良い時期です。

メスネコは、早熟なものは5カ月位から発情があります。オスネコも7カ月位から尿スプレーをするものがいます。計画的な繁殖を希望しない限り、発情行動やマーキングは人にとって不都合なものです。早めに動物病院で去勢・避妊手術の相談をされることを強くすすめます。ネコ達にとっても、性的ストレス、多くの疾病の回避など大変有益な手術です。

最後に大事なことは、ネコと暮らすことを大いに楽しむことです。ネコは、トラやライオンと同じ獰猛な肉食獣の仲間ですが、人が家畜化した長い歴史があります。イヌのように大きな動作で表現はしませんが、我々と交流することを望んでいます。時間を見つけてふれあいましょう。

食事と運動については最も大事な事項です。具体的にほかのQ&Aに述べてありますので、ご参照下さい。

## ワクチン接種によりどのような病気の予防ができますか？

現在、国内でワクチンのある病気には「猫ウイルス性鼻気管炎」、「猫カリシウイルス感染症」、「猫汎白血球減少症《ねこはんはっけっきゅうげんしょうしょう》」、「猫白血病ウイルス感染症」、「クラミジア感染症」、「猫免疫不全ウイルス感染症（猫エイズウイルス感染症）」があります。製剤としては、以前から長年接種されてきた3種混合ワクチンは「猫ウイルス性鼻気管炎」、「猫カリシウイルス感染症」、「猫汎白血球減少症」の予防を目的にしたものです。この3種混合ワクチンに「猫白血病ウイルス感染症」を加えた4種混合ワクチン、4種混合ワクチンに「クラミジア感染症」を加えた5種混合ワクチンなどがあります。「猫白血病ウイルス感染症」と「猫免疫不全ウイルス感染症」はそれぞれ単独のワクチンがあります。どのワクチンがあなたのネコに相応しいか主治医に相談して決めると良いでしょう。

## 子ネコを遊ばせてやりたいのですが、どのようにしたらいいですか？

最も良いのは同じ年頃（兄弟）のネコがいると放っておいても良い遊び相手になりますが、普通は大抵が一人っ子（単独飼育）でしょうから、人が遊んであげることが大事なこととなります。ネコは、生まれ持ってのハンターです。その性質にならってネコじゃらしを追わせたり、カサカサ音のする紙ボールを投げたりして、狩りの真似事をさせます。最近では、ネコの興味を引くような様々なおもちゃが販売されていますので、その中から安全なものを利用されるのも良いかと思います。そのほか、体を隠すことを好むネコは、袋の中に入ったり、段ボールの箱に入ったりすることを喜びます。さらに、外から小動物や虫が這うようなカサカサ音を立ててやると、喜んでその方向に跳びつきます。そのほか、運動不足を解消するためには、木登りやキャットタワーを昇降させると効果的です。遊ぶときの重要な注意として、遊び道具に使用されている糸やゴムなどを誤飲したり、巻きつけたりすることがあります。道具で遊ばせるのは、人が見ているときにしましょう。また、人の手はネコにとって柔らかく温かく面白く動く、噛むのには好都合なものです。このことが時々咬傷につながることがありますので、できるだけ道具を使ってじゃれさせるようにしましょう。

## 子ネコの歯は生え替わるのですか？

人と同じように、乳歯から永久歯に生え替わります。乳歯は、生後2～3週目から生え始め、5週目で生え揃います。永久歯との生え替わりは3カ月半から4カ月で始まり、6カ月には完了します。永久歯は、歯周炎や外傷で損傷したりすると二度と新しく生えることはありません。

## オシッコのあとの爪研ぎはなぜするのですか?

まだよくわかっていませんが、いくつか考察してみます。一つは、排尿することとあわせて、自分の存在を知らせるためのマーキングと思われます。二つ目は、排泄を済ませ道具である爪を研ぎ、ハンティングのための準備ではないかと思われます。三つ目は、野生の状態では排尿する行為中は敵から無防備となります。無事排尿を済ませ、その不安な状態から解き放たれ、ほっとした気持ちの表れとして爪研ぎの行動を取っているのではないでしょうか。

## 明け方になると元気マックスになります。なぜでしょうか?

本来ネコは夜行性で、夜間にハンティングをして食をとっています。中でも明け方は小動物が巣穴に戻ってきたり、小鳥などが動き始めたりする時間で、ネコにとっては絶好のチャンスとなります。そのような野生の習性が家ネコにも多く引き継がれています。それでも長年飼い主と同居すると、夜行性のネコも飼い主が睡眠中は共に寝て、飼い主より少しだけ早く起き食事を催促しているようです。

## 外で獲物を捕まえてきても、食べないで遊んでいますが、お腹が空いていないからですか？

これにはいくつかの原因が考えられます。一つは、猫の習性で生後6カ月の間に食したものを食べ物として強く認識する傾向があり、狩猟本能で捕ったものの獲物を食べ物として認識していない場合が考えられます。二つ目は、獲物を飼い主のところに持ってきた場合です。子育て中の母ネコは子ネコに獲物を見せ狩りの練習をさせて、すぐには食べません。同様に、飼い主を狩りができない子ネコと同レベルに見なしているのだと思われます。そして最後に、狩りの失敗です。捕えて、絶命させて、食べるという順序が絶命させるところでうまくいかず、いつまでも動いているからと考えられます。

## ネコは水をかけられるのを嫌がりますが、なぜですか？

ずぶ濡れになったイヌは見たことがあっても、ずぶ濡れになったネコに遭遇したことはまずないと思います。このように、ネコはイヌに比べて水がとても嫌いな動物といえます。これは、ネコの毛が水をはじかないため、濡れた水が体温の低下を招き、体温の低下を非常に嫌がるネコは、水をかけられることを嫌がるのだと思います。

ネコの祖先は、アラブ地域が発祥地で、それが中国へ渡り日本へ渡ってきたと言われています。アラブ地方はほとんど降雨がないため長い年月をかけて生理的に水を嫌う遺伝子が引き継がれてきたのかもしれません。

汚れて衰弱した子ネコなどを保護した場合、シャンプーするときは特に注意が必要です。最悪の場合、シャンプー後死亡することもあります。このようなときは、シャンプー時間を短くし体温の低下を防ぐために、シャンプー後は良く乾かしてあげることが重要と思います。

## ネコが寝ているときに体をピクピクさせるのは夢を見ているのでしょうか？

ネコが寝ているときに体をピクピクさせるのは、獣医学的に証明はされていませんが、私の飼育経験から多分夢を見ているのだと思われます。これは正常なことなので心配はいりません。

ごくまれに、このピクピクが進行する場合はチック（一筋群の間代性《かんだいせい》痙攣《けいれん》）と呼び、進行して全身に及ぶ場合は痙攣様発作となり、放置すると死に至ることがあります。

## ネコが安心して寝られる場所はどのようなところですか？

ネコは良く眠る動物で、1日の3分の2は睡眠をとっていると言われています。そのため、寝床を選ぶにあたってはまず安全なところを選びます。常に人間やほかの猫と一緒にいることを嫌がるため、家の中では常に見えなくなるような隠れられるスペースを確保してあげて下さい。また、暖かく、湿度が少なく、通気性の良いところを好みます。棚の上や電化製品、ストーブの近く、コタツの中やひざの上なども好みます。高い場所を好むのは、敵からの攻撃を防ぐ遺伝子が受け継がれているのかもしれません。

## 仰向けにお腹を出して寝るのはなぜですか？

野生のネコは、丸く身をかがめながら眠っています。これは昔から敵から身を守る防御の一つと言われています。しかし、ペットとなったネコがお腹を出して寝る姿勢は、まず、今、自身の居場所に危険性がなく警戒する必要がないと彼らが判断したとき、お腹を出して寝ていると考えて下さい。つまり、一番リラックスした状態ととらえて良いでしょう。ネコは、1日のうち3分の2は寝ている動物ですのでこのようなときはそっとしておいてあげましょう。

また、室内温度が24度を超えるとお腹を出して寝ることがあります。

## 起きたとき必ず大きなあくびをしますが、なぜなのでしょう？

人間は、あくびをするときは眠い前兆ですが、ネコのあくびは眠いとは限りません。睡眠時は、呼吸数が減り体内に取り込む酸素量が減少しています。そのため起床後は、ネコは元来敵への攻撃のために、瞬発力がほかの動物より必要とされていることから、パワーを最大に持っていかなければなりません。そのためあくびをし、伸びをして脳や筋肉に大量の酸素を補います。大きなあくびをするのは、大量の酸素を補給して次の行動に移れるようにするための生理的現象と言われています。

## ネコが顔を洗うと雨が降るというのは本当ですか？

ネコは、自分の唾液を前足につけて顔をこすり、さらに、前足についた汚れを舐めて顔をこすることを何度も繰り返すことがあります。この習性を指して「ネコが顔を洗う」と言うようです。では、なぜネコが顔を洗うのでしょうか？　口の周りについた食べ物のにおいや汚れを消すため。センサーの役割を持つヒゲをいつでも綺麗にしてピンと張っておくため。また、不快な気分や強いストレスを和らげるためなどが、その理由だとされています。

雨が近づいて湿気が多くなると、ネコは不快な気分になるので、その気分を落ち着かせるために顔を洗います。また、湿気のために大切なヒゲに張りがなくなるので、ヒゲをピンと整えるために念入りに顔を洗います。個体差はありますが、確かに、湿度が高い日や低気圧が近づいているとき、ネコは耳の後ろまで何度も前足でこすりながら顔を洗って気分を整えようとします。ただ、ネコが顔を洗うと必ず雨が降るかというとそうではありません。

## 自分のおっぱいを吸うことがありますがなぜですか?

室内飼育のネコの中には、自分のおっぱいを吸うという、人から見れば奇妙な行動をするネコがいます。この行動の原因の多くは、大雑把に言うと「退屈」です。室内だけで飼われ、刺激の少ない生活の場合、ネコは退屈しのぎに自分のおっぱいを吸ってしまうことがあります。また、引っ越しなどの環境の変化や、飼い主の家族構成の変化などでストレスを感じることも、こうした行動のきっかけになるようです。

## エサを埋める仕草をするのはなぜですか?

飼いネコがフードを入れた皿の周りをたたいたり、ひっかいたりすることがあります。まるでトイレのあとの砂かけのような仕草ですから、フー

ドの味やにおいが気に入らないのかと思えますね。実は、エサを残しておきたい「貯食」という野生ネコの時代からの本能で、エサを土に埋めようとする行動が引き起こされると考えられています。フードを食べたあとの砂かけ行動は、貯食の意味を持ち、言ってみれば「お腹がいっぱい！」ということでしょう。反対に、フードを食べる前の砂かけ行動は、やはり、フードの味やにおいが気に入らないということもあります。

## 口にエサをくわえて別の場所に行くのはなぜですか？

口に入らない大きさのエサは、出されてもその場で食べずに、口にくわえて、部屋の隅などに移動して食べることがあります。これは獲物を仕留めたとき、ほかの動物に獲られる心配のない場所で安心して獲物を食べる野生時代の習性の名残だと言われています。また、キャットフードなどの小さな粒でも、入れ物の外に出してから食べる場合は、フードの入れ物にセンサーとしての機能を持つヒゲが当たるのを嫌うためです。

## 遠くに行ったネコが何日もかけて戻ってくるのは、なぜですか？

旅行先に飼いネコを同伴し、うっかり離ればなれになってしまったが、何日後かに無事に我が家に帰ってきた。あるいは、何日も行方がわからなかった飼いネコがひょっこり戻ってきたという話を時々耳にします。ネコのこの驚くべき帰巣本能は、生理的な時間感覚である体内時計に関係すると言われています。同じ場所で生活している動物の体には、体内時計と呼ばれる時間感覚が生まれます。迷子になった場所の太陽の位置と体内時計で記憶している太陽の位置（つまりいつも生活している場所の太陽の位置）とのズレをなくすように移動すれば、自分の家の方向へ進むことができると考えられているのです。

## ネコが死ぬときに姿を消すのはなぜでしょうか？

交通事故などでない限り、屋外の目につくような場所でネコの亡骸を見ることはまずありません。ネコの亡骸は、縁の下や物置など、人の目が届きにくい場所で発見されるのがほとんどです。このため「ネコは死ぬときに姿を消す」と言われてきました。ただ、これは死期を悟ったネコが死に場所を求めて移動するのではありません。ネコは体調が悪くなると、暗く静かな場所に身を置こうとする本能が働くため、人目につかない縁の下や物置などに移動し、結果的に、そこで最期を迎えることになるのでしょう。

## ネコは自分の子供を殺すと聞きましたが、本当にあるのですか？

母ネコは、本来は子ネコを守ろうとするものですが、ときに自分の子供を殺してしまうことがあります。たいていは、出産のときや子育てのときに、ほかの動物や人間が接近し、危険を感じた場合、パニックに陥りそのような事態が生じます。

## ネコの嗅覚は敏感ですか？

ネコの嗅覚は、においを感じとる細胞の数は人間の2倍、かぎ分ける能力は1万～10万倍と言われています。かぎ分ける能力に幅があるのは、かぐ対象によって違いがあるからです。とりわけ優れているのは、やはり食べ物のにおいをかぐときです。かぐ能力が1万倍というのは、人間よりも1万倍強くにおいを感じるという意味ではありません。空気中のにおい物質の濃度が、人間が感知できる最低濃度の1万分の1～10万分の1でも感知できるという意味です。ネコは主として肉眼や鋭い聴覚によって獲物を発見して狩猟を行います。ですから、ネコは獲物を発見するために嗅覚を用いるのでなく目の前の対象物が食べ物かどうかの最終確認や、縄張り確認のために使うことが多いようです。食べ物かどうかをにおいで判断するので、鼻の病気などでにおいをかぎ分けられなくなると、食べ物と判断できず口をつけません。そのため鼻がきかなくなることは、ネコには命にかかわる一大事なのです。

## ネコの目の瞳孔が大きくなるのはなぜ？

驚くなど興奮すると、交感神経という神経が興奮して、その影響で瞳孔は大きくなります。また、暗所ではしっかり見えるように、瞳孔を大きくして光の入る量を増やすようです。これは、イヌも同じですが、イヌの瞳孔は黒っぽいことが多く、瞳孔の開いたことに気づきにくいのでしょう。診察台にのったイヌの多くは、瞳孔が大きく開いています。

## ネコの目は光るのはなぜ？

夜行性動物には、タペタムという反射板が網膜の後ろにあります。網膜の視細胞は、反射してくる光も利用するので、暗くても良く見えるのです。夜にライトの光がネコに当たると、驚いて光の方向を見ます。暗くて瞳孔は開いていて、ネコと目が合うことになります。ライトの光がネコの目に入り、タペタムで反射して帰ってきた光を見ることになり、目が光って見えることの理由です。

## ネコは色を識別できるのですか？

ネコの網膜には、色を識別できる錐体細胞《すいたいさいぼう》が2種類あり、緑色と青色、そして、その混合色を見ているようです。なお、人は黄色、緑色、青色に対応する3種類の錐体細胞があります。

## ネコの聴覚はどのくらい？

人の耳は16～20000ヘルツ、イヌは65～50000ヘルツ、ネコは25～75000ヘルツくらいの音域を感じることができます。ネコは、人やイヌが感じることのできない高音の音まで聞くことができます。このような高音は、獲物であるネズミなどが発する高音の音域と重なっています。さらに、耳をパラボラアンテナのように動かすことで、集音して聞くことができます。

## 女性の声に反応するようですが、なぜですか？

ネコの耳は、周波数の高い音に敏感です。一説には第4オクターブの「ミ」の音に、ネコはとても興奮するとも言われています。同じように人間の声に対しても、ネコは男性の低い声より女性の高い声によく反応します。女性のやわらかくて高い声は、母ネコの鳴き声を思わせるのかもしれません。また、ネコの獲物となりやすいネズミなどのげっ歯類が発する周波数が、女性の音域と近いからかもしれません。

## ヒゲには役割があるのでしょうか？

ネコのピンと張ったヒゲは、全身を覆う柔らかな毛と違い、とても硬くてしっかりしています。ネコのヒゲは、人間のヒゲとは異なり、「触毛」と呼ばれるとても敏感な毛です。触毛の根元には、たくさんの神経細胞が集まっているので、ほんのわずかな刺激でも、敏感に感じとることができます。ネコは、障害物との距離をチェックするためにヒゲを利用しています。物音をたてずに獲物にしのびよるために、周囲の障害物との距離をきちんと把握する必要があるからです。また、狭いところを通るときにも、自分が通り抜けられる幅かどうかを判断するために、左右に伸びたヒゲが使われます。そういう意味で、ネコのヒゲは感度の良いセンサーで、実用的なレーダーの役割を持っています。

## 尻尾で感情を表現するのですか？

ネコは、尻尾の動きで言葉と同じくらい明確に、そのときの気持ちを表しています。尻尾をピンと立てて、飼い主の足元に近寄ってくるときは甘えモード一色です。飼い主に相手をしてもらいたがっています。「お腹が空いた」などのおねだり気分のときも、尻尾を立てて飼い主のあとを追います。これとは対照的に、自分が構ってもらいたくないときに、飼い主になでまわされると気分が良くないので、尻尾を左右にパタパタ振って「触らないでよ、あまりいい気分じゃない」という意思表示をします。このようなときは、ネコが不機嫌モードに入っている証拠ですから、そういうときはそっとしておきましょう。また、リラックスして横になっているとき、ネコの名前を呼ぶと、尻尾をパタパタと小さく動かすこともあります。これはネコの返事です。呼ばれたけど起きるのも面倒なので、「聞こえてますよ」と尻尾で答えているわけです。それ以外にも、怖くて怯えているときは、尻尾を股にはさんでしまい、驚いたり突然機嫌が悪くなったりするときは、尻尾を急に大きくふくらませます。さらに、尻尾が逆U字の弧を描けば、これはもう戦闘態勢です。このように、ネコの尻尾は感情表現が豊かです。

## 鳴き声にはどのような意味があるのでしょうか?

戸外から聞こえる「ニャオーン」と鋭くカン高いネコの鳴き声は、パートナーを求める鳴き声だとわかります。時には、目当てのパートナーを争ってか、激しい「ギャーッ」「グワーッ」「シャアーッ」というような威嚇の鳴き声の応酬もあります。それ以外の日常でも、ネコは鳴き声でいろいろなことを語っています。短く「ニャッ」と鳴くのは、ネコの挨拶です。もう少し長めに強く鳴くときは、「エサをちょうだい」「外に出して」などのリクエストの意味があります。ネコのすべての鳴き声に、そのときの気分や感情が表現されているのです。もっとも、同じような鳴き声でも、そのときネコが置かれた状況によって、伝えたい気持ちが違うこともあります。たとえば、喉をゴロゴロ鳴らして「ニャー」という場合、ただリラックスしているだけのときもあれば、甘えモードで飼い主に構ってもらいたいと思っているときもあります。そのときに置かれたネコの状況や、尻尾の動きなどほかのシグナルを考え合わせると、その鳴き声にどのような意味があるのか、よりはっきりします。

## ネコは表情や仕草で喜怒哀楽を表現しているのでしょうか？

ネコの顔にはあまり表情がなく、よそよそしいと感じている人も多いようですが、そんなことはありません。リラックスしているとき、甘えているとき、怖いとき、怒っているときなど、さらに何だか得意げな表情など、実に様々です。表情を変える重要なパーツは目と耳です。リラックスしていると、眠そうに目を細めて、まさにだらんとした感じです。怖いときは耳を後ろに伏せて、目も動揺して瞳孔が開きます。「負けないぞ」と自信たっぷりで強気なときは、耳が前を向き、瞳孔が細くなって目つきが鋭く見えます。さらに、怒って攻撃的な気分のときは耳はピンと立てるか後ろに伏せ、瞳孔は興奮してまん丸になります。ところが何かに怯えて弱気なときは、目の瞳孔が開き気味で、耳が後ろに寝ています。そのほかにも複雑な気持ちを表情に表すことができます。

## 鏡に映った自分を認識できるのでしょうか？

最初は鏡に映る自分の姿に少し興味を持ちますが、しばらくすると興味を失って知らん顔をすることが多いと思います。ネコによっては、いっとき鏡に映った自分の姿に、「シューッ」というような鳴き声をあげたり、背中を丸めたりして威嚇することもあります。けれども、攻撃しようと鏡を前足でパンチしても、実体ではありませんから、やがて興味を失います。紙に描かれた等身大のネコの絵をを見せると、ネコは絵に近寄って鼻のあたりのにおいをかごうとします。このことから、ネコはお互いを認識するのに、嗅覚を手がかりにしますが、視覚としても認識することがわかります。結局、絵に描かれたネコも鏡に映る自分の姿も、視覚でとらえていったんは興味を持っても、実体がないので生き物ではないと思うのでしょう。

そういう意味で、ネコが鏡に映る自分の姿を認識しているとまでは言えません。

## 人間の年齢の換算方法は？

ネコは、生後1年を過ぎると立派な大人になり、そのうち、飼い主の年齢を追い越してしまいます。ネコの年齢を人間の年齢に換算すること自体に少し無理がありますが、ネコの生物学的な性成熟を1歳前後、限界年齢を20歳くらいと想定して、だいたいの該当年齢を推察することができます。それを示すものが年齢換算表です。推察ですから、ネコと人間の年齢換算表にはバラツキがありますが、年齢換算表の一例を示しますから参考にして下さい。

| ネコ | 人間 |
|---|---|
| 1ヶ月 | 1才 |
| 2ヶ月 | 3才 |
| 3ヶ月 | 5才 |
| 6ヶ月 | 9才 |
| | 12才 |
| 9ヶ月 | 13才 |
| 1年 | 17才 |
| | 19才 |
| 1年半 | 20才 |
| 2年 | 23才 |
| | 26才 |
| 3年 | 28才 |
| 4年 | 32才 |
| | 33才 |
| 5年 | 36才 |
| 6年 | 40才 |
| 7年 | 44才 |
| 8年 | 48才 |
| 9年 | 52才 |
| | 54才 |
| 10年 | 56才 |
| 11年 | 60才 |
| 12年 | 64才 |
| 13年 | 68才 |
| 14年 | 72才 |
| 15年 | 76才 |
| 16年 | 80才 |
| | 81才 |
| 17年 | 84才 |
| | 86才 |
| 18年 | 88才 |
| 19年 | 92才 |
| 20年 | 96才 |

獣医師広報板（平成21年版）
一部抜粋

## 自分の縄張りにどのような目印をつけるのですか？

ネコの額の両側、唇の両側、あごの下、肉球、生殖器からはフェロモンと呼ばれる物質が分泌され、ネコはそれを物や相手にこすりつけて、社会的な地位や、安心、警戒、性的行動などの情報をお互いに交換して、ネコ間のコミュニケーションに用いていると考えられています。フェロモンは尿にも含まれ、尿をかけた場所にはこのメッセージが残され、自分の縄張りを主張することにもつながります。

## ネコにもボスはいるのですか？

ネコは、基本的に単独生活をしていますが、その行動範囲の一部が複数のネコで重なっており、そこでの社会生活も送ります。よって、その社会生活の部分では、均衡を保つために順位関係が生じます。ただし、群れで暮らすイヌとは違って、ネコでの順位関係はあいまいで、時や状況に応じて、あるネコが優位に立ったり、劣位になったりと、それぞれの関係が入れ替わる流動的なもののようです。

## ネコ同士のケンカの始まりと勝ち負けはどのようにして決まりますか？

ネコは、ケンカに勝っても負けてもけがをする可能性が高いので、仲の悪いネコに遭っても、お互いに目を合わせないようにしてケンカを避けようとします。しかし、運悪く目が合ってしまうと、とっさに闘争準備態勢に入ります。この場合も、なるべくならケンカを避けたいので、まずは毛を逆立て体を大きく見せて、相手を威嚇します。これで相手が逃げてくれればいいのですが、逃げてくれなければジリジリとにじり寄ってケンカが始まってしまいます。ケンカは、途中休憩を含めて何度か組み合いをしますが、勝てそうにないと認めたネコは、耳をぴったり後ろにくっつけてうずくまりそれ以上抵抗しなくなります。相手がそうなると勝ったネコはそれ以上の攻撃はしなくなります。

## ネコのルーツはどこにありますか？

ネコのルーツは、中東や北アフリカに生息するリビア猫であるとされています。エジプトのピラミッドから多数のリビア猫のミイラがみつかっていることから、9千年〜1万年前から人間と暮らすようになったと考えられています。愛嬌があって、ネズミもとってくれるネコは、人間を虜にしたと思われます。

## 日本のネコはどこからきたのですか？

ネコは、中国から仏教とともに伝来してきたと考えられています。平安時代初期の宇多天皇御記《うたてんのうぎょき》に中国からきた黒い唐猫を飼っていたことが書かれています。

いわゆる、日本猫と呼ばれる尻尾が短くてずんぐりした体型のネコは、江戸時代中期から一般的になったと考えられています。日本猫を起源とし、一品種として認められているジャパニーズ・ボブテールは、日本猫よりは若干スマートな体型のものが多いです。

## ネコの純血種はいつから作られたのですか？

ネコの純血種が作られたのは18世紀になってからです。イヌのように様々な使役に応じて改良されたわけでなく、各地域に特徴的なネコを選んで交配して、理想の容姿に固定していった結果作られました。よってイヌと比べて純血種間であまり差がないものもみられます。

## 長毛種、短毛種の性格特徴は？

長毛種であるペルシャ猫やヒマラヤンは、一般的に従順でおとなしく、動きもゆったりしています。メインクーンは独立心旺盛です。ソマリは長毛種ですが、アビシニアンから改良されたためか、非常に活発に動き回ります。

短毛種であるアビシニアンは活動的で、人なつこく、よく甘えてきます。ロシアン・ブルーも活発で、非常に従順です。アメリカン・ショートヘアは独立心旺盛です。

ただし、同じ品種でもネコそれぞれによって性格が違います。これには親ネコや兄弟から離れた時期や、幼少時の飼い主の接し方などが影響するとされています。

## 三毛猫にオスがいないのはなぜですか？

動物の性別は、性染色体上の遺伝子によって決まります。性染色体がＸＸのものがメスになり、ＸＹのものがオスになります。また、毛色の黒や茶といった有色遺伝子は、性染色体Ｘの上にのっています。Ｙの上にはありません。よって白下地に黒と茶の２色の有色を持つネコは、性染色体が黒のＸと茶色のＸの組み合わせということになり、ＸＸでメスになります。しかし、まれにオスの三毛猫もおり、非常に貴重がられます。これは何らかの遺伝子の異常だと思われるますが、はっきりしたことはわかっていません。

## なぜネコの爪は鋭いのですか?

ネコは、動きの速い獲物に飛びついてしっかり捕まえる必要があります。これには鋭い爪が不可欠です。そして、ネコはこの鋭い爪が擦り減らないように、歩いたり走ったりするときには爪を引っ込めて地面につかないようにすることができます。また、爪が古くなると爪研ぎのときに爪全体が皮がむけるようにはがれて、その下にはトキトキの新しい爪が用意できています。うまくできていますね。

## ネコはなぜ袋に顔を突っ込むのが好きなのでしょうか?

自然界で暮らしていた頃の習性のなごりと考えられています。ネコの祖先は、敵に襲われる心配のない木の上や、木の洞に居場所を確保していました。そのため、もぐり込めるものを見ると入り込もうとする習性があります。また、ネコは好奇心が旺盛で、袋のような触ると形が変わったり、風で動いたりするものをネコは本能的に追いかけてしまいます。

## 背中から落としてもちゃんと着地しますが、どうしてできるのでしょうか?

ネコの平衡感覚が、とても優れているからです。内耳《ないじ》という耳の奥には前庭器官《ぜんていきかん》というところがあります。ここには振動をキャッチする有毛細胞があり、その細胞の毛の動きによって体の傾きを瞬時に感知し、前庭神経を通して脳に伝えます。ネコは、この前庭器官がとても発達しているのです。

しかし、高いところから落ちるのにも限界があり、3～4階くらいの高さまでなら着地できると言われています。

## なぜ足音を立てないで歩けるのでしょうか?

ネコの足の裏にある肉球と爪の構造に秘密があります。ネコの肉球は、軟らかく弾力がありクッションの役割をはたしています。さらに、ネコの爪は指骨と腱でつながっていて、指を広げて力を入れると腱が伸びて爪が出て、力を抜くと腱がゆるんで爪が引っ込む仕組みになっています。これによりネコは状況に応じて爪の出し入れが可能で、普段は爪を隠していますので、爪が床に当たることもなく足音を立てずに歩くことができます。

## 毛繕いをするのはなぜでしょうか?

被毛を清潔に保つほか、体温を調節する働きがあるためです。ごみや汚れを取り、毛玉をほぐして毛並みを整えます。それにより、体についたにおいを消して、自分の存在を気づかれにくくしています。また、体温調節においては、ネコの体には汗をかく機能がないため、暑いときには体毛に唾液をつけて、それが蒸発する際の気化熱で体を冷やしています。寒いときには、毛と毛の間に暖かい空気がたまるよう、毛玉を丹念にほぐしています。さらに、毛繕いは皮膚のマッサージにもなり、リラックスさせる効果もあるようです。

## オシッコやウンコをしたあとに砂をかけるのはなぜですか?

ネコがオシッコやウンコに砂をかけるのは、自分の存在を隠すためと考えられています。ネコのオシッコのにおいはかなりきついので、外敵から身を守るためにこのような習性が身についたと考えられています。

## ネコを楽しく遊ばせるにはどのようにしたらいいのでしょうか?

そのネコの性格にもよりますが、元々、ネコは小さな動物を捕まえるハンターなので、動きの速いものに興味を持ちます。テレビ画面で動くトリや魚や虫などを興味津々に追いかけたり、部屋に入ってきた虫を追い回していたり、鏡に反射した光やレーザーポインターの光を夢中に追いかけることを経験します（レーザーは目に悪いので注意）。家の中にキャットウォークを作って遊ばせる方もいますね。ネコは、基本的に単独生活を好む動物と言われているので、勝手に何かを見つけて楽しそうに遊んでいることが多いので遊ばせてあげるという感覚はそれほど必要ないかもしれません。

## 外出するネコは、病気やけがが心配です。どのようにしたらいいでしょうか。

都市部も田舎もネコを自由に外に出すのは、とても危険ということは多くの方はご存知と思いますが、それを承知の上での質問と理解してお答えします。可能な限りの予防注射を行い（感染リスクの高い場合に備えた接種方法）、去勢手術または避妊手術を行って、少しでもネコ同士のトラブルを回避する手段を講じて下さい。リードにつないで、人間の目の届く範囲で外に出すのであれば、危険はかなり回避できます。

## 1匹と2匹以上飼うのは、どちらがいいのでしょうか？

ネコは、基本的に通常は単独での行動を好む動物なので、ネコだけのことを考えた場合は1匹で飼育するほうが好ましいと思います。しかし、ネコを飼育する場合は、ネコの幸せだけを考えて飼う人はほとんどいないので、飼われるネコも飼う人間も幸せになることを考えると、ある程度の妥協が必要になると思います。家が比較的広く、部屋数も多い場合は、ネコにストレスがない程度の複数飼いは可能であると思います。その場合でも、気性が合わないネコがいるので、新しくネコを導入する場合は元から飼っているネコの性格を熟慮した上で決めなければいけません。

## 長期間家を留守にするとき、一緒に連れて行くほうがいいのでしょうか？

日本では昔から『イヌは人につき、ネコは家につく』と言われます。今回の質問はネコですので、連れて行かないほうが良いとなりますが、現在のネコと人間の関係は昔とかなり異なり多様であり、当てはまらないことが多いのも事実です。ネコの性格と飼い主との関係により、ケースバイケースに考えるというのが答えだと思います。高齢なネコや、慢性疾患を持っているネコでは、環境の変化は著しいストレスとなります。そのネコのことをよく知っている人にお願いして家に置いていくほうがストレスが少ない場合もあります。環境の変化に比較的順応性の高い若いネコでは、どちらでも良いと思います。

## 種類による病気には違いがありますか？

ネコは、イヌに比べて種類は多くありませんが、品種により多発する病気はあります。例えば、メインクーン種の一系統で多発する肥大型心筋症、スコテッシュ・フォールド種の骨軟骨形成不全症《こつなんこつけいせいふぜんしょう》、ペルシャ猫およびその近縁でみられる多発性嚢胞《たはつせいのうほう》腎《じん》がそれです。ただし、ここであげた肥大型心筋症や多発性嚢胞腎などは、ほかの品種でもみられます。

## 3歳のネコが、新幹線で帰省するたび、下痢や嘔吐など体調を崩します。体調を崩さない移動方法はありますか？

ネコは、イヌより乗り物酔いが少ないと言われていますが、全くないと言うことはありません。症状は、よだれをたらしたり、便意をもよおしたり、嘔吐、不安を示したりします。つまり、多くは消化器系に症状が現れます。

体調を崩さないで移動するということは難しいので、予防策として、移動する半日前位に食事を済ませて嘔吐物を少なくするようにします。また、なるべく狭いキャリーバッグで、可能な限り顔を見せて不安を減らすようにしてあげましょう。

移動中のケージの中で、暴れたり鳴いたりするネコには鎮静剤が有効ですので、動物病院に相談して下さい。

## 体を舐めてきれいにしていると聞きましたが、シャンプーしてもいいですか？

ネコの多くは水を嫌います。それでもネコにシャンプーをする必要性は、主に人間との共存生活において、ペットとして見た目の汚さや、においがないほうが良いからです。多くの場合、ネコ自身が行うグルーミングによって被毛の清潔感はほぼ保たれているので、シャンプーを必要としないことが多いです。しかし、長毛種はセルフ・グルーミングが行き届かないことがあるので、時々シャンプーが必要となります。

避妊や去勢手術をしていないネコの場合、繁殖期にともなって異性誘惑行為として尿を周囲にかけ散らす行為、いわゆるスプレー行為をします。その尿は、普段の尿とは比べものにもならないほど臭い尿です。同時に肛門周辺の被毛が臭くなりシャンプーが必要になることもあります。

## 初めて毛足の長いネコを飼ったのですが、ブラッシングをしないと毛玉がたまるのでしょうか？

長毛種では、被毛に静電気などが起こり、被毛のもつれによって毛玉になりやすくなります。あまりにひどい毛玉は、ネコにかゆみや痛みなどの不快さを感じさせてしまいます。毛玉があるということは、皮膚や被毛が汚れた状態で、その部分の皮膚の血行も悪くなり、体表の新陳代謝もそれにともなって低下します。したがって、外観上良くないということだけでなく、寒いときには保温効果が不十分で、また、暑いときにはムレの原因となり、ネコの健康上良くありません。毎日、短時間でも必要に応じて、動物用静電気防止のグルーミング用スプレーをかけ、被毛のブラッシングなどの手入れを習慣づけて下さい。わずかな毛玉でも、それを良くほぐしてからシャンプーしないと、余計に毛玉がひどくなりますので注意して下さい。

## 耳の中が汚れているのですが、きれいにするにはどうしたらいいですか？

耳の中が汚れている場合には、外耳炎を起こしていることが多いです。ネコでは、耳奥の耳垢を綿棒などで除去することは、耳道が狭いため困難です。逆に、耳垢を耳の奥のほうに押し込んでしまい、悪化させる原因となり得ますので、早めに動物病院で処置してもらったほうが良いでしょう。

日常の耳掃除の方法は、まずネコの耳の中があまりにも汚れているようでしたら、小指にティッシュペーパーを巻きつけて、耳の入り口付近を軽く拭き取りましょう。無理に耳の奥まで掃除することは避けて下さい。

ネコの場合、自身の後ろ肢の鋭い爪で耳をかき過ぎ、またネコ同士の喧嘩により耳の軟骨に傷がついて化膿し、治りが長引くことが良くあります。また、黒い耳垢の場合には、耳疥癬《みみかいせん》が疑われますので動物病院で診てもらいましょう。

## シャンプーはどのくらいの頻度でしたらいいですか？

シャンプーの頻度は、ケースバイケースですが、目安として短毛種は年2回程度、長毛種は1〜3カ月に1度程度と考えて下さい。また、妊娠中や病気、手術のあとのシャンプーは控えましょう。しかし、ブラッシングは毎日してあげるよう心がけて下さい。

## 爪切りは必要ですか？

ネコの爪は、自分の身を守り攻撃するときに大切な武器になります。また、木に登ったり、急峻な坂を上るときや、急なブレーキが必要となったときには鋭い爪を出し、ストッパーの役目を果たす重要な役割を持っています。つまり、ネコの爪は重要な運動補助となるために本来は爪を切らないほうがネコのためと言うことができます。しかし、ペットとして人と暮らす場合に、猫ひっかき病などの感染症の予防として爪を切る必要があります。

ネコの爪を切る際には、ネコをリラックスさせながら膝の上に載せるようにし、嫌がるようなときには決して無理をしないで、ネコがリラックス

したときに爪を切るようにしましょう。ネコに爪切りハサミを見せると怖がる場合があるため、ハサミは見せないように、ネコの目を隠すか顔をそらすようにしましょう。

ネコの爪は、肉球に隠れているので、肉球を軽く押して爪を剥き出して、無理しないで爪の鋭い先端から2～3ミリ程度のところで切りましょう。慣れてきたら、爪を光に透かすと赤っぽい血管を見ることができるので、その血管のぎりぎりではなく、少し手前の部分で切るようにしましょう。

## 歯を磨くときに歯茎から血が出ます。強く磨きすぎですか？

歯を磨くときは、毛先が軟らかな歯ブラシに必ずペーストや水、湯をつけて歯の表面に軽く当てて磨くことが理想です。歯茎から出血するのは強く磨いた可能性もあります。通常、歯の表面の歯垢歯石により歯茎が炎症を起こし歯周病になっている場合や、歯が溶けてしまう吸収病巣《きゅうしゅうびょうそう》があったり、歯肉口内炎や腫瘍などがある場合も出血しやすいです。一度、動物病院で診てもらいましょう。

## ブラシを見ると凶暴になります。いい方法はありますか？

多くのネコは、ブラッシングをされるのが好きです。毛玉を無理矢理にブラシなどでほどこうとすると痛いので、その痛みがトラウマとなってブラシを見ると凶暴に威嚇するのだと思います。できれば、子ネコの頃から慣らしながらブラッシングする習慣をつけましょう。どうしても嫌がってしまうネコには、リラックスさせながら少しずつブラシを通してみます。ネコが痛がらないように、やさしくなでるようにブラッシングします。あまり強くすると、皮膚に傷がつき内出血してしまうこともあります。ネコの被毛は一定方向に生えていますので、逆毛にならないよう注意して下さい。ネコが比較的嫌がらないのは、喉のあたりや頭の後ろや首の周りです。そのあたりから徐々に背中に向かってブラッシングをしていきます。一度に全身の毛玉をほどくのではなく、部分的に少しずつ慣らしていくことが大切です。

　よほど手に負えないような毛玉がある場合、動物病院で鎮静剤や麻酔の処置の下で毛玉をほぐしてもらうか、被毛を短く刈り上げてもらいましょう。そして、述べたようにブラッシングの基本を守って、毎日根気よく慣らすようにしましょう。

## 迷子になったら どのように捜したらいいのでしょうか?

まず最寄りの警察と保健所に連絡して下さい。

また、お近くの動物病院に問い合わせたり、近所の方にも情報提供のご協力をお願いしてみられることもおすすめします。公共施設などに許可を得てポスターを貼る、新聞広告を出す、なども有効かもしれません。

# 繁殖について

CAT

## 去勢手術はしたほうがいいのでしょうか？

オスネコが性成熟したときの問題行動として、発情時に大きな声を出す、オシッコをかけるスプレー行動をするなどがあげられます。そのような問題行動が去勢手術で改善することがあります。

そのほかに、性ホルモン由来の病気は予防することができますので、行ったほうがいいと考えています。ただし、全身麻酔をかけるリスクや、術後太りやすくなる、尿石症などの泌尿器の病気になりやすくなる、などのデメリットもあります。メリット、デメリットを考えて決めて頂ければと思います。

## 去勢手術をしても外に出たがります。好きにさせておいていいのでしょうか？

去勢手術をしていると、妊娠させる可能性がありませんが、外に出ることでけがや事故にあう危険性が高まります。また、ノミやマダニの寄生や、ほかのネコから伝染病などを貰う可能性もあります。可能であれば室内飼育のほうがいいでしょう。

## ネコの繁殖期は？

ネコは、一般的には生後6～9カ月齢までに発情期を迎えます。ただし、10～12カ月齢以前であれば母ネコは、まだ成長段階であり卵巣の発育も不完全で、発情周期の不規則な状態が続きますが、12カ月齢を過ぎると安定した発情周期となります。ネコは、季節的に多発情で、発情周期は日照時間と強さが発情期を決定する主要因子であるため北半球では春、夏、秋に発情期が見られます。また、高齢になると発情周期は不規則になります。

## 何歳くらいまで繁殖能力がありますか？

ネコは、かなり高齢でも繁殖能力があり10歳で出産したという報告もあります。しかし、高齢で妊娠した場合は、胎児が正常に成長できず奇形や死産の発生率が増加します。また、出産しても子ネコは順調に発育することが難しく、母ネコも妊娠による合併症（子宮蓄膿や腫瘍）の危険性も増加します。したがって、母子共に正常な出産を迎えることができる年齢は6歳くらいまでと思われます。

## 求愛の仕方とは?

発情期のネコは昼夜を問わず、鳴き声をあげ、転がったり、伏せの姿勢で尾を左右に動かすなどの行動上に特徴が現れます。これらの特徴がある時期が交配適期で最も妊娠しやすくなります。発情行動は、平均7～9日間続き排卵が誘発可能となり交尾刺激で排卵が誘発されます。

## 出産準備はどのようにしたらいいでしょうか?

ネコの妊娠期間は、一般的には63～65日間です。発情行動が終了して約2カ月が妊娠期間となり出産予定日が推定されます。また、妊娠すると体重が出産まで直線的に増加していきますので妊娠の可否が推定されます。母ネコは、出産が近づくと神経質になるので環境を整える必要があります。

部屋を少し暗くした静かな環境で、母ネコが楽に入るくらいの箱を用意し、清潔なタオルを敷いた中に入れてあげましょう。陣痛は、周期的な力みとして観察され、外陰部をしきりと舐める行為をします。出産時に母ネコが胎盤、へその緒などを処理しますが、初産または難産で母ネコが自分で処理できない場合は、飼い主が羊膜を破りへその緒を結切り離します。出産後は、子ネコを乾いたタオルで良く拭いてあげましょう。

## 生まれたばかりの子ネコに注意することはありますか？

出生時の子ネコの体重は、85～120gで平均100g程度です。体重が75g以下の子ネコは、死亡率が非常に高く生存させるためには特別なケアが必要となります。出生時の健康な子ネコの体温は、約36度で1週齢までに37・5度に上昇します。また、出生後4週間は子ネコの体温は不安定な状態にありますので母ネコが育児放棄をするとただちに低体温症になり危険な状態になります。母ネコが子ネコを授乳させているか子ネコが授乳しているか注意して観察しなければなりません。母ネコがいつも子ネコに授乳させていれば低体温は心配いりません。

## 子ネコたちはケンカせずに母ネコのおっぱいを吸えるでしょうか？

一般的には、ネコは4～5匹の子ネコを出産しますが、体重には大小の差があります。動物は生まれたときから生存競争が始まり、乳房の取り合いが始まります。力が強い大きな子ネコがいつも先に授乳し、小さい子ネコはいつも二番手に甘んじることになります。その結果、ますます大きさに差が出てしまいます。また、出産後は速やかに授乳させる必要があり、充分に授乳している子ネコはお腹が膨らんで授乳後はおとなしくなります。しかし、空腹や不快な状態にある子ネコは、連続的に鳴き、体温が低下している場合が多く見られますので授乳が均等にできるように注意して下さい。

## 母ネコはどのようにして幼いネコを守るのでしょうか？

家庭で育てられたネコは、飼い主との間に信頼関係があり、出産後の母ネコが神経質な時期においても安心して子ネコを飼い主に委ねます。ただ、ほかのネコや同居しているイヌが子ネコに近づいたとき、また、ほかのネコのにおいのついた服などで接すると興奮し攻撃的になります。その場合、唸り声をあげて威嚇したり、全身の毛を逆立て背中を丸めて飛びかかるような体勢を取ります。そして、普段は逃げるような大きな動物にも躊躇なく向かっていきます。

## 母ネコは子ネコのウンチを食べますが、なぜですか？

食糞は、生後30日齢以下の子ネコを持つ母ネコにとっては正常な行動です。母ネコは、子ネコの生殖器を刺激して排尿、排糞を促し排泄物を摂食します。この行動で子ネコの衛生状態が保たれ、飼育箱や巣からにおいが減少します。においは、外敵に飼育箱や巣の存在を知らせることになります。そのため、においを消す食糞行動は外敵から子ネコを守る大きな役割を果たしています。

## ネコの子育ては、夫婦共同ですか？

ネコ科の動物は、アフリカライオン以外は単独もしくは親子で行動します。そのため、繁殖期を除いてメスはオスを避けるように行動します。飼いネコも例外ではなく、繁殖期以外はオスネコを避けます。子育ても母ネコが単独で行います。母ネコは、巣もしくは飼育箱で出産し食事以外は、ほとんど授乳にあてます。出産後3～4週間で離乳しますが、その時期になると母ネコは、授乳を嫌がるようになります。そうなると子ネコは固形物を食べ始め、離乳します。

## 母ネコはどのようにして狩りを教えるのですか？

飼いネコは、キャットフードが主食となっていますが、本来ネコは肉食動物であり、ネズミや小動物を捕食します。母ネコは、小動物を捕獲する行動を子ネコに見学させたり、捕獲した小動物を子ネコの元に連れてきて、遊びとして捕獲行動を学習させます。しかし、代々室内飼育で育った母ネコは、狩りをした経験がありません。そのため母ネコや兄弟ネコとの遊びや動くものへの「タマとり」で本来ネコの持っている本能を刺激して学習しているものと思われます。

## 飼い主の私が出産したら、ネコの様子が少し変わりました。どうしてですか？

2つの理由があると思われます。①ホルモンの影響・飼い主の出産と飼いネコの発情周期と重なったために同性としてライバル的にとらえる可能性があります。妊娠あるいは偽妊娠において卵巣から黄体ホルモン（プロジェステロン）が分泌されます。このホルモンは、妊娠の維持に関係しますが妊娠後期になり出産が近づくと低下します。その時期になるとネコは、神経質になり食欲も低下します。同時期に飼い主が出産された場合、においなどによって母ネコの精神状態が不安定になるものと思われます。②ストレス反応・自分への興味が新しい家族へと向けられる場合、家族以外の新しい家族（赤ちゃん）や家族の生活パターンの変化などにより強いストレスが加わります。そのため落ち着かない状態が続きますが、しだいに落ち着き元の状態に戻ります。

# しつけについて

CAT

## ネコもイヌのように、「おすわり」「おいで」ができますか?

「ネコ」は野性味が強く、イヌのように芸を覚えない」と言われます。

しかし、個体差もありますが、エサやごほうびを与えるときなどに「おすわり」「おいで」を教えるとできるようになることがあります。つまり、ごほうびの対価として、ある行動を条件づけてやることはできると思われます。

## お客様の荷物や衣服にオシッコをかけることがあります。やめさせる方法はありますか?

訪問客の存在にストレス(環境の変化)を感じているのかもしれませんし、飼い主の注意を引こうと(要求行動)しているのかもしれません。基本的には、来客時は同席させないことが良いと思いますが、スペース的に難しいのであれば、ネコが排泄できない場所に荷物を置くなどの対策が必要でしょう。

## 痛いほど噛みつきます。やめさせる方法はありますか？

ネコは、本能的に狩りをする動物です。獲物に似たような動きに対し攻撃してくるのはそのせいです。小さなお子さんがよく噛まれたりしませんか？ 子ネコのときは、特に歯の生え替わりの時期がそういう行動がきつくなるようです。これは大人になるとある程度おさまります。

子ネコ同士長く過ごしたネコは、自然と社会化ができるようになり、加減しながら噛むことを覚えていきます。しかし、そういう時期が欠如している個体は、時におもいっきり噛むことがあります。「おもいっきり噛むことはいけないこと」と教え込むのが良いと思われます。具体的には大きな声で・同じフレーズ・噛まれた瞬間に叫んだり、噛みつき返すなどが有効なようです。また興奮すると加減せず噛む個体もいますので、興奮させないようにするのも良いでしょう。

## トイレのしつけはどのように教えたらいいのでしょうか？

昔は「そそうしたウンチをネコのトイレに混ぜると次からそこでするようになる」などと言われていましたが、トイレの場所や形状、猫砂の素材によっても好みはまちまちのようです。ネコがリラックスして排泄ができる環境に設置するのが良いでしょう。

ただし、体調管理のため毎日（できれば排泄ごとに）トイレは手入れして下さい。不衛生にしているとトイレ以外の場所で用を足してしまう場合もあります。

## ネコ用のオシッコの砂は経済性、利便性、安全性、衛生面からどれを選んだらいいですか？

ネコは、自身の排泄物を砂に埋めて隠す習性があります。この習性は単に身の周りの環境を衛生的に保つ目的だけではなく、自分の縄張りの中で排泄物のにおいが、特にネコが狩猟目的とするネズミやウサギなどのほかの生物に知られないようにするための習性行為です。すなわち、砂はネコの生活習慣上大切な存在であります。

ネコ砂のそれぞれについて評価してみました。

・**経済性について**　鉱物系のネコ砂は、尿がよく固まるタイプの猫砂で、掃除しやすく価格も安いし、好むネコも多く使いやすいネコ砂です。固まりの数や大きさで、尿の量や回数を簡単に把握できるので健康管理に便利です。ただし、ネコが砂をかく行為によって粉状になった砂を飛散させ、また肉球に付着した砂や粉によって部屋を汚してしまう欠点もあります。

・**利便性について**　紙材や木系のネコ砂は、種類も豊富で尿が固まりやすく軽量で持ち運びが楽で、トイレに流すことができ、また燃やすごみとして出せて始末に便利です。

・**安全性について**　おからなど穀物系ネコ砂は、原材料が食物であるため、ネコが誤って口にしてしまっても大丈夫という安心感があります。しかし、においのもとになる雑菌の繁殖を防止するための防カビ剤や防腐剤など添加されている可能性があります。もちろん防腐剤が無添加のネコ砂もありますのでパッケージの標記をチェックして下さい。

・**衛生面について**　いずれのネコ用の砂においても、こまめに取り替えて清潔に保つことが第一です。しかし、ネコは砂をかきほじる習性があるので、その飛び散らかした砂にもにおいのもとになる雑菌が紛れ込んでいて衛生的に良くありません。その飛散を最小限に防ぐために、入り口以外を覆い隠すように作られた便利なネコ用トイレも市販されています。

## よく鳴きながらついてくるのはなぜ？

ネコが鳴きながらついてくる理由としては、「お腹が空いた、ゴハンちょうだい」や「かまってかまって」などのサインを出していることが考えられます。飼い主が忙しくてネコをかまってあげられないときほど傾向は強くなるようです。特に、問題がなければ要求に応えてあげると良いでしょう。

## ネコを6匹飼っていて、トイレを8カ所用意していますが、何匹かはトイレ以外でやってしまいます。直す方法は？

トイレの手入れは十分でしょうか。1匹飼いでもトイレの手入れがおろそかだと、トイレ以外で排泄してしまうことがあります。元々は、トイレで排泄していたネコたちがトイレ以外でし始めたのなら、まずはトイレ掃除が十分か確認しましょう。また、トイレの設置場所や形状によっても好みがあるようです。多少時間とお金がかかりますが、いろいろ試されてみてはいかがでしょう。

## 複数のネコを飼っています。爪研ぎさせる適切な場所はどこが良いですか？

複数飼育であれば、同じ部屋の中に同時に爪研ぎができるよう設置してあげたほうが良いでしょう。一カ所に複数並べても使用しない個体もいるでしょう。

目立つ場所や立てかけた状態になっているものを好む個体もいますので、様子をみながら素材を変えたり、場所を移動したり、設置方法を変えてみると良いでしょう。

また、古くなった爪研ぎは使わなくなりますので新しいものに換えるようにしましょう。

## 家具に爪を立てるのをやめさせる方法はありますか？

爪研ぎは用意されてますか？　お気に入りの爪研ぎがあれば、家具などでの爪研ぎは減ると思われます。様々な爪研ぎが市販されていますので、ネコのお気に入りのものを与えるようにしてみてはいかがでしょう。

家具の周りにネコが爪研ぎができないようにものを配置するのも有効な方法でしょう。

または、爪にキャップを被せてしまう方法もあります。かかりつけの獣医さんに相談してみて下さい。

# 健康管理について

CAT

## 車に乗せると口から泡をふくのですが、大丈夫なのでしょうか？

ネコは、車に弱いことが知られています。健康なネコでも車に乗せるとパニックになり泡をふいたり、嘔吐したりすることは時々あります。普段、車に乗り慣れているネコに突然同様の症状が認められるのであれば、何らかの疾患のサインかもしれません。

## 病気を早期発見する方法はありますか。また、病気のサインのようなものはありますか？

まずは元気、食欲、便と尿を注意してみて下さい。ネコの食欲がなくなったときは病気のサインかもしれません。また水を多く飲む量は、しばしば病気に関連して変化がみられます。糖尿病や慢性の腎臓病における飲水量の増加は、病気の発見につながる重要なサインです。便や尿の観察は、トイレの様式によって確認しにくいこともありますが、便の色や形、尿の色やにおい、回数などの変化も病気のサインのことがあります。そのほか、毛繕いをしなくなったとか、息づかいが荒いとか、普段と少しでも変化があったときには、何らかの病気のサインかもしれません。また、動物病院で定期的に健康診断を受けることも重要です。特に、沈黙の臓器の異常を早期発見するためには、血液検査なども必要になります。気になるサインがある場合や、定期検査の必要性についてはかかりつけの獣医師に相談してみて下さい。

## 体重・体温・脈はどのようにして調べるのですか？

動物病院では、診察台に体重計が組み込まれているので、診察台に乗せるだけで簡単に体重が測定できます。自宅では、赤ちゃん用のベビースケールや、ネコを乗せることのできるその他のはかりに直接ネコを乗せて測定するか、家族の方がネコを抱いて体重計に乗り、自分の体重を差し引くことで計算できます。体温は、電子体温計を肛門から直腸内にさして測定します。電子体温計には、動物用のものが使いやすいと思いますが、人用のものでも構いません。ただし、使用後に洗浄や消毒が必要ですので、防水機能は必須です。脈はいろいろなところで触れることができますが、後肢の内側の内股部の股動脈（大腿動脈）が最も確認しやすいです。脈拍数は1分間の脈の数を示しますが、10秒～20秒間数えた回数に6～3倍をかけて1分間当たりの脈の回数を計算するのが一般的です。

## フローリングの部屋で飼っていますが、注意することはありますか？

フローリングは滑るため、ネコの足腰特に膝に大きな負担がかかると言われています。なぜなら、ネコは駆け出そうとする瞬間や方向転換するときなど、爪を出してその爪を地面に引っかけ瞬発力を高めます。スパイクシューズを履いているような感じです。フローリングだと、無意識に本能であるスパイク効果を発揮しようとして滑って、足を滑らせて膝や股関節を痛め、さらには脱臼や骨折してしまうこともあります。ネコのためには、クッションフロアーにするかカーペットを敷いてあげましょう。

## 兄弟ネコにノミ駆除の薬を使いたいのですが、お互いに舐めあっているので心配です。いい方法はありますか？

ネコのノミ駆除や予防薬として現在スポットタイプが主流となっております。スポットタイプのノミ駆除・予防薬はネコに対する安全性は高いので、塗布直後でなければネコ同士で舐め合っても全く問題ありません。しかし、薬液を直接舐めるのは問題ですので塗布した直後しばらくは、ほかのネコが薬剤を舐めないようにケージなどに閉じ込めておくと良いでしょう。これらの薬剤は、首筋に塗布するように指示されていると思いますが、ネコが自分で舐めることができない場所だからです。もし、塗布直後に舐めてしまった場合には、元気や食欲、さらには嘔吐がないかなど観察して、異常が認められた場合には獣医師に相談して下さい。

## 歯茎が腫れて口臭がひどいのですが、どうしたらいいのでしょうか？

このような場合は通常、歯の表面に付着した歯垢・歯石中の細菌によって歯茎に炎症が引き起こされた結果、口臭を認めることが多いです。この場合、動物病院で診てもらい、全身麻酔のもとで歯垢・歯石を除去するか、炎症がひどい場合は、歯を抜歯します。その後、飼い主によって歯ブラシを用いたデンタルケアを行います。

## あくびの回数が多いのですが、何か問題はあるのでしょうか？

あくびは、脳の酸素不足や血中酸素の不足など病気と関連することも知られていますが、ネコにおいてあくびが病気と関係していることはほとんどありません。ネコのあくびは、リラックスしたいときに見られるケースが目立ちます。緊張をほぐしたいときに回数が増えるとも言われています。また、寝起きのあくびは、大きな呼吸をすることにより、酸素を多量に取り込み脳や体を活性化させる働きがあります。元気や食欲に問題がなければ心配ないと思われます。

## 獣医師さんに診てもらうときに、どのような点に注意したらいいのでしょうか？

ネコは、普段と異なる環境が苦手です。普段乗り慣れない車や電車などに乗せるときはなおさらです。また、動物病院の待合室では見知らぬ人や、イヌと遭遇することが多いので、途中で逃げ出したり、暴れたりすることがあります。このため病院に連れて行くときは、キャリーケースに入れたり、ネコ袋に入れたり、必要によってはリードをつけて行きましょう。また、気性の荒い子や神経質な子は、自宅で爪を短く切っておいていただけると、診察しやすいです。そして診察中には診察の邪魔にならない程度に声をかけたり、なでたりしてネコがリラックスできるようにつとめてあげて下さい。

## ネコの場合、外に出さなければ予防注射は必要ないと言われましたが、本当ですか？

それは間違いです。理由は簡単で私たち人間が外から病原体を持ち帰ったり、猫カゼなどのように空気感染するウイルス病もあります。さらにペットホテルに預けたり、ペットサロンへ行ったりするときもそうですが、ほかの病気で動物病院に連れて行けば、様々な伝染病の病原体にさらされる危険があるためです。また、予防注射を行っていないネコは、ペットホテルの利用や動物病院での入院を断られることもしばしばあります。室内飼育のネコでも適切な予防注射は必要ですので獣医師の指示に従って接種してあげて下さい。

## 歯の噛み合わせや歯並びが悪いのは遺伝ですか？ 治すことはできるのでしょうか？

ネコの噛み合わせや歯並びが悪いのは、一般的には遺伝と考えられていますが、歯周病で歯を支えている骨が溶けて、歯が傾いてそのように見えることもまれにあります。ネコの歯の矯正は困難ですので、通常、噛み合わせや歯並びが良くないことで口の粘膜や唇を傷つけたり、歯に当たっている場合は、その原因となっている歯を抜いたり、削ったりします。

## ダイエットはどのように行えばいいでしょうか？

まず、適正体重をきちんと把握することが大切です。その上で、1日の摂取カロリーに応じた給餌量を与えましょう。しかし、摂取カロリーを制限すると、必要な栄養素が摂取できない場合もありますので、場合によっては減量用の食事をおすすめします。減量用の食事では、必要なタンパク質やビタミン・ミネラルなどが充分に摂取できるように調整されており、満腹感を持続させるための食物繊維が配合されているものもあります。

## 10kgのネコがいるのですが、ダイエットさせる方法はありますか？

種類や個体差で体重にはばらつきがありますが、多くのネコは3kg～5kg程度です。10kgは過度の肥満ですから、1日も早くダイエットに取り組みましょう。ただし、あまり急激なダイエットは、肝リピドーシスや糖尿病の発症リスクを高めます。1週間に1％の減量を目安に、1カ月後の目標体重を設定し、その体重に見合った量のキャットフードを1日3回以上に分けて与えましょう。過度な肥満の場合は、できれば減量用の専門フードを用い、定期的な血液検査で異常値がないことを確認するのが望ましいと思います。

## 太っているか痩せているかを判断する方法はありますか？

ネコを横や上から目で観察し、皮下脂肪のつき方を触って判断する方法があります。

理想体型では、肋骨はわずかな皮下脂肪を通して触れることができ、適度なくびれを観察することができます。体重不足では、皮下脂肪がほとんどなく容易に肋骨が触れ、骨格が浮き出ており、くびれもかなり深くなってきます。肥満傾向になると、肋骨に触れることがむずかしく、くびれはなくなり、お腹は垂れ下がってきます。肥満では、尿石症や糖尿病などの病気のリスクも増します。定期的な体重測定も含めた健康診断も大切です。病気の早期発見につながります。

## 食べ物で健康や寿命に差が出るものでしょうか？

成長段階に合わせた食事を与えることは大切です。幼猫期では、成長期に合わせカロリー含有量を調節、高齢期では、関節や腎臓の健康の維持に配慮したものもあります。それぞれの適した食事を与えることは、健康の維持につながります。

また、それぞれの病気に合わせた療法食もあります。療法食に関しては、病気によって適した食事が異なるため、必ず獣医師にご相談下さい。

## 長生きさせるコツは？

まず飼い方ですが、感染症や事故に遭わないように外に出さない、食事は年齢に応じた内容にします。そしてトイレなどを清潔に維持し、毎日観察することが必要です。健康面では、定期的なワクチンを兼ねた病院での診察、特に高齢で多くなる慢性腎不全の早期診断のため定期的な血液検査を受けて、健康状態を知っていることが大事です。

# 病気・けがについて CAT

## オスネコが外に出てネコ同士ケンカし、外傷を負って帰ってきました。病気感染の心配はありますか？

ネコ同士のケンカは、縄張り争いなどを原因としてしばしば起こります。外傷を受けた場合、まず傷口への細菌感染が問題になります。ネコがケンカで噛まれたり爪で引っかかれたりして負った傷は、人の子供が転んでつけた擦り傷のように水道水で洗って消毒しておくようなわけにいきません。ネコの口腔内や爪には細菌をはじめ、いろいろな病原体が付着しており、ネコの牙や爪で負った傷は、見た目よりもかなり深い傷のことがほとんどです。ところが、ネコの皮膚はゴムのような構造であるため、その下の筋肉とかが、ずたずたに損傷したり出血したりしていても、皮膚には針穴程度の小さな軽い傷にしか見えません。このため、傷口の洗浄や表面からの消毒だけでは十分な効果は得られません。受傷直後は大したことがないように見えてもそのあとに傷口がどんどん腫れ上がり、内部に多量の膿が貯留する膿瘍《のうよう》をしばしば起こし、時には敗血症により死に到ることもあります。ネコがケンカで外傷を負ったことが間違いなければ、早めに動物病院を受診し、抗生物質の注射や内服薬を処方してもらい化膿するのを防ぐことができます。

ネコ同士のケンカでうつされる心配のある病気で最も怖いのは、いくつかのウイルスの感染です。その最も代表的なのが猫白血病ウイルスと猫後天性免疫不全ウイルス（猫エイズウイルス）です。これらのウイルス病は、ネコ特有の疾患であり、いずれも慢性経過をとるため、ケンカの相手がそのウイルスに感染しているかどうかは、外観だけでは判断できませんので、動物病院で血液検査を受けることが重要です。しかし、この検査で陽性を示すようになるには感染後数週間かかります。このため、受傷直後の検査が陰性を示しても、安心はできませんので注意が必要です。

　オスネコは、行動範囲が広く、特に去勢されていない場合には、外でケンカに巻き込まれることが非常に多く、猫白血病ウイルスや猫後天性免疫不全ウイルスに感染する確率が高くなります。これらの病気はすぐに発症するわけではありませんが、発症すると不治の病であり、様々な免疫不全の症状や腫瘍を起こしやすくなります。これらのウイルス病に対して有効なワクチンもありますが、その効果は１００％ではありません。これらのウイルスの感染を予防するためには、室内飼育とし、ウイルス検査を受けていないネコとの接触を避けることが最も簡単で確実な予防法です。どうしても室内飼育が難しい場合には、必ず去勢や避妊手術を行い、ワクチン接種を行っておくことが重要です。

## オスネコがトイレに行っても尿が出ていないようです。何かの病気でしょうか？

　オスネコに多い下部尿路疾患《かぶにょうろしっかん》の疑いがあります。頻繁にトイレに行くようでしたら、尿が出ていないか、残尿感のためが考えられます。原因は、尿道結石か膀胱炎や尿道炎でしょう。このような症状が見られたら、早めに動物病院で診察してもらいましょう。トイレで一生懸命力んでいたり、ペニスを気にして舐めたり、さらに嘔吐があり、食欲がない状態なら尿道閉塞《にょうどうへいそく》を起こして重篤な腎疾患を併発している場合が多いので大至急動物病院に行って下さい。

## 頻回にトイレに入るのですが排尿、排便は見られません。何か病気でしょうか?

頻回にトイレに行くにも関わらず、尿が全く出ていないのであれば、尿道閉塞の可能性が考えられます。オスネコには比較的多い病気ですが、尿中の結石などが尿道を塞いでしまうことで、排尿困難、腎不全などの状態を引き起こし、時に死に至ることもある病気です。命に関わる状況ですので、急いで動物病院を受診しましょう。状態にもよりますが、入院治療、場合によっては手術が必要になることもあります。また、回復後も食事管理などが必要になります。油断すると再発することの多い病気です。

さらに、排便がないような場合、単純な便秘のこともあれば巨大結腸症のような腸管自体に問題があり排便困難になっている場合も考えられます。これらも腹部レントゲン検査や直腸検査等で判断していきますので、動物病院を受診して下さい。

## すぐに疲れてしまうのですが、どこか悪いのでしょうか？

普段は元気であるにも関わらず、はしゃいだり、運動することで疲れてしまうような場合には心臓が悪い可能性が最も高いと考えられます。ネコの心臓病は、はっきりとした症状がみられないことが多いですが、肥大型心筋症、先天性心疾患、不整脈、フィラリア症などでこのような症状がみられることがあります。また、心臓の異常に限らず、呼吸器、肝臓、膵臓、神経・筋、副腎、甲状腺の病気や、感染症や癌の初期などにおいてもこのような症状がみられることがあります。いずれにしても、病気にかかっている可能性が高いと思われますので、普段は元気で食欲があっても動物病院で診察を受けることをおすすめいたします。

## 人間用の蚊取りマットを使っていますが、問題ありませんか？

人間用の蚊取りマットは、ピレスロイドと呼ばれる殺虫成分を電気の熱で揮発させるものです。このピレスロイドは、ネコが中毒を起こすことがあります。ネコのノミ取り首輪に使われていることがあり、これによる中毒が問題視されております。蚊取りマットを製造・販売している某有名メーカーは、ネコがいる環境において蚊取りマットは使用することが可能としておりますが、使用後は換気をすることを推奨しております。また、揮発した成分では影響は少ないとしても、直接摂取すれば中毒を起こす可能性は高いので、使用される場合には手が届かないように注意する必要がありますもし、中毒を起こした場合には、よだれを垂らすようになったり、吐いたりなどの症状がみられますので、使用の際はこれらの症状がみられないか気をつける必要があると思われます。

## 突然、死んだようになることがあるのですが、大丈夫なのでしょうか？

いわゆる「失神」を起こしている可能性が考えられます。失神の原因は、ネコの場合ですと心臓の問題（肥大型心筋症、不整脈）であることが多いですが、心臓以外の問題（脳の異常、低酸素、低血糖、自律神経の異常など）でも起こることもあります。いずれの原因であっても、体に何らかの異常が起きていると考えられ、中には死に至る可能性がある病気もあるので、動物病院で診察を受けることをおすすめいたします。もし、その症状に遭遇した場合には、余裕があればデジタルカメラや携帯電話の機能などを利用して動画をとっておくと良いと思われます。その動画を獣医師に見せることで、早期に病気の原因がみつかることにつながるかもしれません。

## けがはしていませんが、肉球が腫れて足を引きずって歩きます。どうしたのでしょうか？

血栓症の可能性があります。血栓症とは固まった血液が動脈に詰まること（血栓）でそこから先の血液の流れが遮断され、血液が流れなくなった体の部分の細胞が機能しなくなったり死んでしまったりします。特に、四肢へ血液を供給する動脈で起こりやすく、症状としては血栓が詰まった先の肢は先端の血色が悪くなって腫れたり、麻痺を起こしたりします。このような場合は、両後肢の内股の動脈を触知してみると患肢《かんし》側の脈は虚弱か触れないことが多いです。この病気の原因は、様々ですがネコの場合ですと肥大型心筋症や拘束型心筋症といった心臓病によるものが多く、特にペルシャ猫は肥大型心筋症にかかりやすいと言われております。この病気はそのままにすると肢が麻痺するどころか壊死して腐ってしまったり、腎臓などの生命維持に大事な臓器にも血栓ができたり、壊れた細胞から心臓に悪影響を及ぼす物質が出て死に至ります。よって、この症状は緊急性のある病気の可能性が高いので早急に病院に行くことをおすすめいたします。ほかの原因でも肉球が腫れることはありますが、いずれにしても早めに獣医師の診断を受ける必要があります。

## 食欲が全くありません。口の中が赤くなっています。何が考えられますか？

口の中が赤くなっており食欲が全くないのであれば、口内炎の可能性が高いと思われます。口内炎の痛みにより、食事が取れないのでしょう。ネコの口内炎は原因が様々ですが、まずは、動物病院で基礎疾患の有無や口腔内《こうくうない》の確認を行ってもらうことをおすすめします。治療は、痛みや炎症を抑える内科的治療のほかに、全顎抜歯と言って歯をすべて抜くといった外科的治療が必要になることもあります。

## 徐々に体重が減っているのに腹部が大きくなり、下痢気味で元気もありません。何が考えられますか？

体重が徐々に減っているにも関わらず腹部が大きくなっているのであれば、何らかの疾患で腹水が溜まっていたり、ネコ特有の猫伝染性腹炎や場合によっては腹腔内《ふくくうない》に腫瘍ができている可能性が考えられます。原因は様々ですので、動物病院にて腹部の画像診断や血液検査などを受ける必要があると考えられます。

## 目を閉じて涙が多くなり痛がっています。まぶたを開いてみますと、目の真ん中あたりが白くなっています。対処法は？

外傷などにより角膜を損傷している可能性が考えられます。角膜が損傷している場合、急速に悪化しますので、すぐに動物病院を受診し角膜の傷の有無や眼球の状態を確認してもらいましょう。軽度であれば点眼薬等を使用し治療していくことになります。

## 少し前より鼻口が汚くなり、徐々に食欲も低下してきました。どうしたら良いのでしょうか？

口腔や鼻腔の感染症などにかかると、鼻や口が汚くなることが多く見られます。まずは動物病院を受診し、原因となる病気の治療をしましょう。ネコはにおいで食欲が出ますので、鼻口を拭き清潔にすることが重要です。また、フードをふやかす、缶詰など軟らかい食事にする、フードを温めてにおいを強くしてから与える、などの方法を試してみられると良いと思います。

## 幼猫ですが、いつも下痢気味です。時には水様性になり血便をします。どうしたら良いでしょうか？

まずは、動物病院で便の検査をしてもらいましょう。寄生虫や悪玉菌が悪さをして下痢や血便になることがあります。また、食事へのアレルギーなどがあり、フードが合っていない場合もあります。全身状態や便検査の結果などから、総合的に判断する必要があります。幼猫の場合、下痢による衰弱で死亡することもありますので、早めの受診をおすすめします。

# 食事について

## 時々草を食べることがありますが、野菜が不足しているのでしょうか?

ネコは肉食動物ですが、野生の肉食獣は獲物の肉を食べるだけでなく、草食獣の食物を含んだ内臓も好んで食べることによって十分な栄養をとっています。ネコも肉の摂取だけでは生きていけませんが、総合栄養食のキャットフードには、必要な栄養素がバランス良く配合されているので、良質なキャットフードが必要量与えられていれば、特に野菜を食べる必要はありません。では、なぜネコは草を食べるかというと、胃に溜まった毛玉を吐き出すためという説があります。ネコが好きな草は葉が細長く先がとがったイネ科の植物で、これを食べると胃が刺激されて嘔吐を引き起こします。しかし、嘔吐を起こすことによって体調が悪くなるネコもいることから、毛玉が心配であれば、毛玉防止用のサプリメントや、毛玉防止用の成分を含んだキャットフードを与えたほうがいいと思われます。

CAT

## 野菜の給与は必要ですか？

基本的には、ネコはイヌよりも純粋な肉食動物です。栄養的には野菜を食べなくても問題ありません。しかし、野生のネコ科の動物が捕食するところを見ると、草食獣の食物を含んだ内臓を真っ先に食べているのが見られます。細かく切った野菜を少しやったり、イネ科の植物の若芽などを与えたりしても良いのではないかと、私は考えます。

## 食べ物に好き嫌いがありますが、ネコは味に敏感なのでしょうか？

味覚のセンサーである味蕾《みらい》は、人間では舌に約1万個、イヌでは約2000個ありますが、猫では1000個以下しかなく、ネコの味覚は人間ほど繊細ではないと考えられています。人間は①甘い、②辛い、③しょっぱい、④苦い、⑤酸っぱい、⑥うまいを細かく感じ分けることができますが、ネコが味わえるのはせいぜい③しょっぱい、④苦い、⑤酸っぱいくらいです。よってネコは食べ物がおいしいかどうかは、味だけでなく、においや歯ざわり、温度などを総合して判断していると思われます。また、ネコは幼い頃に安心して食べていたものを、継続して好む傾向があります。さらに、そのときの気分と食事を結びつけやすく、病気のときに無理やり食べさせられたものは嫌いになり、食べたら飼い主が褒めてくれたものは好きになったりします。

## 用意した水を飲まずに、わざわざ別の場所にある水を飲みに行きます。何が問題なのでしょうか？

ネコは、新鮮なきれいな水が好きです。しかし、水道水には消毒のために塩素（カルキ）が入っているので、そのにおいが嫌いなネコもいます。そのため蛇口からくんだばかりの水より、前から置いてあってカルキの抜けた水のほうを選ぶ場合があります。また、冷たい水より温かいお風呂の水を好んだり、お皿にくんだ水より流水が好きな子もいます。ネコは、祖先が水のない砂漠で生活していたせいか、水そのもので水分をとる習慣が欠けており、ドライフードを与えている子では脱水しやすいとされています。ネコは、摂取する食べ物と一緒で、水の好みもはっきりしている子が多いので、その子が一番好むものを見つけて、十分水分をとれるようにしてあげましょう。

## 人間と同じものを食べさせてもいいのでしょうか？

ネコと人間の体重あたりの栄養必要量を比較すると、ネコは人間よりタンパク質は約5倍（特にタンパク質の成分であるアミノ酸のタウリンとアルギニンは、人間では体内で他のアミノ酸から作れますが、ネコでは体内で作れないので外からとる必要がある）、脂肪は、約2倍（特に脂肪酸の1つであるアラキドン酸は、人間では体内でほかの脂肪酸から作れますが、ネコでは体内で作れないので外からとる必要がある）必要で、ビタミンやミネラルの必要量も違うので、ネコを人間と同じ食事で健康に育てることはできません。また、人間がおいしく食べているものでも、ネコに与えると有害になるものがあるので気をつける必要があります。特にネギ類（血液の中の赤血球が壊れる）、チョコレート（痙攣などを起こす）、アワビ（耳が壊死する）、青魚（黄色脂肪症という病気になる・ただし十分なビタミンEと一緒にやれば大丈夫）はやらないようにします。

## アワビを食べると耳が落ちると聞きましたが、本当ですか？

アワビの肝、正式には中腸腺に含まれるピロフェオホルバイドa（pyropheophorbide a）が原因と言われています（アワビ以外にもメガイ、トコブシにも含まれます）。東北地方では、春先のアワビのツノホタを食べさせると、ネコの耳が落ちるという言い伝えがあるようです。このピロフェオホルバイドaは、特に春にアワビの餌である海藻に由来する葉緑素を分解して産生されます。中毒症状は光過敏症であり、紫外線により皮膚が薄く紫外線にさらされやすいネコの耳に強い反応が出ると考えられています。ネコだけでなく、人間もまれですが摂取して1日ほど後に、顔面、手、指が腫れや疼痛《とうつう》などが引き起こされた中毒例が報告されています。

## エサを容器に入れっぱなしにしてあるのですが、決められた時間にあげたほうがいいですか？

イヌのように、集団で狩りをして獲物をとる動物の場合、1週間に1度しか食事ができないこともあるため、食べられるときに食べられるだけ食べて食溜めをする傾向があります。いっぽう、ネコのように単独で狩りをする動物の場合は、必要なときに必要なだけしか食べないので、エサを入れっぱなしにしておいても食べ過ぎて太ってしまうことは少ないので、そのような給仕法でもいいと書いてある本もあります。しかし、入れっぱなしだと残ったエサが腐敗したり、酸化してしまいますし、実際どれだけ食べたかがわからず、食欲低下などの症状の発見が遅れる可能性があります。よって、いつも決められた時間に、一定の量のエサを与えたほうがいいと思います。

## ヨーグルトを与えてもいいのでしょうか？

ヨーグルトは、乳糖の多くは分解されていますが、一般的に牛乳などの乳製品にはイヌネコのミルクに比べて乳糖が多く含まれています。この乳糖を消化するにはラクターゼという消化酵素が必要ですが、イヌネコでは離乳後、この酵素がなくなってしまう子が多いため、乳製品を与えると下痢をすることが多いようです。よって、下痢さえしなければ与えても構いませんが、基準を通ったキャットフードには栄養素がバランス良く含まれているので、キャットフード以外のものを与えると、そのバランスを崩すことになるので、あえて与える必要はないと思われます。

## 子ネコたちが、子ネコ用ドライフードを自然に食べるようになりましたが、離乳食でなくてもいいですか？

子ネコたちの胃は小さいのに、成長のためには大人以上に十分な栄養をとる必要があります。その場合、ドライフードをいっぱい食べて、そのあとで水を飲むと、胃の中でドライフードが膨れて胃拡張を起こすことがあります。また、水分の多いエサのほうが胃からの排出時間が早く、消化性がいいといわれています。よって、子ネコにはミルクからすぐにドライフードにするよりは、子ネコ用のフードで、かつ水分の多い離乳食のほうが好ましいと思われます。どうしてもドライフードしか用意できないようであれば、最初は子ネコ用のドライフードを、ぬるま湯で十分にふやかしてから与えると良いでしょう。

## キャットフードだけで栄養に偏りはありませんか？

キャットフードも多種多様なものが売り出されており、選択するにも迷ってしまいそうです。そこで、選択の指標としてペットフードの包装を見ていただき、「ペットの総合栄養食としてペットフード公正取引協議の検査により定められた基準を…」の文言が記されてあるものの中から選びま

しょう。あるいは、従来より「ＡＡＦＣＯ（米国飼料検査官協会）」の記載があるものも指標の一つになるでしょう。また、ライフステージや環境に合ったもの、病気に合わせた療法食などが販売されていますので、獣医師に相談するのも一つの方法です。

## カルシウム剤（サプリメント）を与えても大丈夫ですか？

昔、キャットフードに含まれているカルシウムや多量のビタミンＤなどにより被害を受けたネコも多かったものですが、最近では信頼のおけるペットフードの普及により随分と減少しました。サプリメントでも過剰投与は危険です。獣医師に相談下さい（前述のイヌの項を参照下さい）。

## キャットフード以外に与えたらいいものはありますか？

基本的には、キャットフードなどの総合栄養食であれば、それのみでも問題ありません。それ以外に、ネコ用のおやつなどを与えても良いですが、栄養に偏りが出ないようにしましょう。また、給餌量を守り、過度なカロリー摂取がないよう気をつけましょう。

## 観葉植物を食べてしまうのですが、大丈夫なのでしょうか？

ネコは、栄養的には必要がないのに植物の葉っぱをよく食べ、そして嘔吐します。この嘔吐をきっかけにして体調を崩す子もいるので、食べさせないようにしましょう。特にユリは、食べると腎不全を起こし死に至ることがあります。観葉植物ではアイビー、ヘデラヘリックス、シロガスリソウ、フィロデンドロン、ポインセチア、ホウライショウ、シキビなどが食べると中毒を起こすことが知られていますが、ほかにも多数の観葉植物が中毒を起こす可能性があるので、絶対に食べさせないようにして下さい。

## 与えてはいけないものは？

ユリ科の植物、生のイカ、ネギ類はとても危険なものです。食べ物ではありませんが自動車や自宅の暖房機器で使われる不凍液の誤飲も生命に関わる危険なものです。ネコに限らず、イヌで注意されているブドウやチョコレートなども、念のため食べないように注意したほうが無難です。ネコが大好きな油類も多量摂取により膵炎などの生命を脅かす疾患に陥ることがあるので、台所や食卓での配慮も必要です。

## イカはなぜ与えてはいけないのですか?

生のイカの内臓には、チアミナーゼというビタミンB1を分解する酵素が多く含まれているため、人での脚気と同じように、ビタミンB1欠乏症を起こすことがあります。ネコにとってビタミンB1は、イヌの5倍も必要で、欠乏すると食欲不振、嘔吐、さらに進行すると瞳孔が開き、脱水状態も加わりフラフラの状態になることがあります。イカのほかに貝などの一部の魚介類も、ビタミンB1分解酵素を含んでいるため、ネコの体内でビタミンB1を分解してしまうので、注意が必要です。ただし、加熱処理することでビタミンB1分解酵素の影響はなくなると言われますが、食べ過ぎると危険です。

# 高齢ペットについて

CAT

## ネコも高齢になると認知症になるのでしょうか？

まず、動物の認知機能不全症候群（認知症）とは「老化に関連した症候群であり、認知力の異常、刺激への反応性の低下、学習・記憶の欠損などに至る」ものと考えられています。イヌほど症状も少なく、目立ちにくい動物ですが、ネコも認知症になると考えられています。

## 老化現象はどのようなものでしょうか？

瞬発力が衰え活動量が減り、寝ている時間が長くなります。毛繕いもしなくなり毛並みが悪くなり、白髪が出て痩せてきます。また、食事が食べづらくなり、活発さも低下して、寒さに弱くなり、トイレ以外の場所でのそそうなども老化のサインです。

## 老齢猫で気をつけなければいけないことはありますか?

免疫機能の低下により、ウイルスに感染しやすくなります。皮膚疾患、内臓疾患、特に腎不全《じんふぜん》になりやすいので、定期的な病院での健康診断を行いましょう。毎日の食事と飲水量、そして定期的な体重管理に気をつけ、行動の変化に気づいてあげましょう。

# その他

## ネコが死んだときに必要な手続きとは？

飼育していたネコが死亡したときの手続きに、法的に必要なものはありませんが、かかりつけの動物病院や、美容院、また保険会社（ペット保険に加入している場合）などに一言お伝えされるといいと思います。カルテ等に死亡を記載し、ダイレクトメール等の発送を中止されると思います。

CAT

# RABBIT
# ウサギ

# 飼い方について

RABBIT

## ウサギを飼うために準備しておく用品はありますか?

飼育用品としては、ウサギ専用の飼育ケージ、ウサギ用のトイレ、水入れ（器もしくはボトルタイプ）、エサ入れ、ラビットフード、チモシー牧草などです。飼育場所は、風通しの良い場所、極端な温度差は体調に影響するので、できる限りエアコンで管理できる室内で飼育しましょう。

## ウサギのワクチン接種と届け出は必要ですか?

我が国ではペットとして飼育されているウサギのワクチンはありません。

飼育の行政機関への届け出も必要ありません。

## ウサギの抱き方は?

ウサギは、草食動物なので捕獲されるのを大変に嫌がります。ですので、無理に抱き上げたりしないほうが良いと思われます。おとなしいウサギは、顔を抱き上げる人の脇に軽く挟むようにして、抱きかかえると暴れないことが多いようです。しかしながら、無理に押さえ込んだり、落としたりすると腰椎や四肢の骨折を招くことがあるので、無理をしないことです。

## 飼うときに、生後2カ月を過ぎたほうがいいのはなぜですか?

ウサギは哺乳類です。親からの完全な離乳は8週齢以降と言われています。ですので、人がウサギを飼育するのは完全離乳となった2カ月以降が良いとされています。

## ウサギを買いに行く場合、夕方がいいと言いますが、なぜですか?

本来、ウサギは夜行性の動物なので、明け方と夕方最も活発に活動すると言われています。ウサギの食欲や元気など、健康状態を観察するには夕方が良いと思います。

## アレルギーがあるのですが、飼うことはできますか？

飼い主やその家族の方がウサギの毛などに対してアレルギーがある場合、無理に飼育をされないほうが良いと思います。アレルギーの起こらないほかの動物を飼育するのはいかがでしょう？

## 学校でウサギを飼う場合、どのような種類がいいでしょうか？

どの種類が良いということはありません。ただし、太りやすいロップイヤーや大型の品種は、ウサギの中でも暑さに弱いので、エアコンのない施設での飼育は難しいです。一般的に学校で飼育されている小型の交雑種で問題ありません。

## 同じケージで飼えるウサギの種類は？

同じケージで飼えるウサギはいません。ケンカをして鼻や耳、オス同士の場合は、精巣を噛みちぎられることがあります。一般的に販売されているウサギ用の飼育ケージでは、1つのケージに1頭のウサギを厳守して下さい。

## ウサギを「羽」と数えるのはなぜですか？

ウサギだけを1羽、2羽とトリのように数える習慣については諸説ありますが大きく長い耳を羽にみたてて、トリと同じように数えていたようです。日本で獣の肉を食べる習慣がなかった時代に例外的に食べるためにトリと同じ扱いにしていたという説もあります。ちなみに動物病院では「1頭、2頭」あるいは「1匹、2匹」と数えることのほうが一般的です。

## イヌ・ネコと一緒に飼いたいのですが、可能でしょうか？

ウサギとイヌ・ネコを同じ部屋で飼う場合は、相性の見極めが大切です。おとなしいイヌ・ネコの場合でも、最初は必ず飼い主がウサギのそばについて、イヌ・ネコがウサギを攻撃しようとしていないか、ウサギが怖がっていないかを、よく観察してから判断して下さい。相性が良いと判断した場合でも、イヌ・ネコは本能的にウサギを攻撃する可能性があるため、ウサギとイヌ・ネコのみを放置することは避けて下さい。ウサギとイヌ・ネコを別々の部屋で飼う場合は、お互いにストレスを受けるような要因がなければ、大きな問題はないと思います。

## 鶏を一緒に飼うことはできますか？

ウサギだけでも複数飼育は頭数が多すぎると、ウサギにとって大変なストレスになります。ですので、鶏とは一緒に飼育しないほうが良いと思われます。

## ウサギの基本的な飼い方とは？

まずは、ウサギが健康で快適に過ごせる環境を整えて下さい。ウサギは個別飼いが基本なので、1羽につき1つのケージを準備して下さい。ケージは、寒暖の差が少なく、直射日光があたらない静かな場所に置いて下さい。ケージ内には、いつでも食べられるように牧草を入れておき、給水器、スノコ、トイレを設置して下さい。ペレットフードは、1日に決まった量を与えて下さい。生野菜や果物を少量与えても構いません。ケージ内の清掃はこまめに行い、1日1回決まった時間にケージの外に出して運動もさせましょう。環境が整ったら、あとはウサギの習性を良く理解し、愛情をもって優しく接することが大切です。

## ウサギを飼う場合のケージの大きさはどれくらいですか？

ケージから出して運動させられる場合は、水や食事を置く場所と、全身を伸ばして寝られる広さが必要です。ケージから出して運動させられない場合は、ウサギがジャンプする距離以上の長さと高さが必要です。最近は、ウサギ専用のケージも市販されているので、それらを用いても良いでしょう。

## ウサギをなつかせるにはどのようにしたらいいでしょうか?

個体や系統による差はありますが、一般的にウサギは臆病な動物なので、捕まえられて自由を奪われる行為に対して恐怖心を持つことがあります。

そのため、いきなり抱っこするようなことはせずに、時間をかけてゆっくりと触れ合うことが大切です。まずは、手から好物を与えることから始めて下さい。手から食べることに慣れてきたら、声をかけながら背中を少しずつなでてみて下さい。突然触って驚かせてはいけません。時間をかけて、ゆっくりと信頼関係を築くように心がけて下さい。

## 子ウサギをもらったのですが、温める必要はありますか?

生まれた時期にもよりますが、生まれて8週以内は、親ウサギからの完全離乳ができない期間なので、その期間は暖かい場所での飼育が必要と思われます。本来は、完全離乳をした8週齢以降の子ウサギを譲り受けるべきで、その週齢に達していれば、人が生活をする上で不自由のない室温でも飼育できると思います。

## 放し飼いにするのと、1匹だけ箱に入れて飼うのとどちらがいいのでしょうか？

基本はウサギ専用のケージで飼育し、飼い主が観察できる時間帯を利用して、目の届く範囲の部屋で放し飼いをする時間を作ってあげると良いでしょう。

## 小屋の消毒の方法は？

場合によっては消毒も必要かもしれませんが、基本的には週に1～2回、家庭用洗剤を用いた水洗いで十分と思われます。ウサギを別の場所に移動させ、食器用洗剤とスポンジなどで汚れを落とし、しっかりとすすいで下さい。濡れている部分はきちんと拭き取り、乾燥させてから使用して下さい。ウサギの尿が固まって取れない場合は、それ専用の洗浄液も販売されていますので、ペットショップにてご確認下さい。

## ブラシはかけたほうがいいのでしょうか。また、ブラッシングを上手にする方法はありますか？

ウサギの中でも特に長毛のウサギは、ブラッシングをしないと毛玉ができてしまい健康な皮膚の状態が保てなくなりますが、ブラッシングを嫌がるウサギが多いのも事実です。ブラッシングが必要な長毛の品種では、子ウサギの頃からエサやごほうびを与えながらブラッシングを行うなどして、嫌な印象を持たせないようにするといいでしょう。

## 爪や歯は切ったほうがいいのでしょうか?

ペットとして飼育されているウサギは、アナウサギという種類で本来は地中にトンネルを掘って暮らすウサギです。トンネルを掘ることのできない家庭飼育下では必ず爪が伸びていってしまいます。伸びた爪を放置すると折れて出血したりなどの事故の原因となりますので、定期的に切ってあげる必要があります。家庭で切るのが難しければ動物病院に相談したほうがいいでしょう。

一方で歯はきちんと牧草を食べて、噛み合わせも正常ならば自然に磨耗していきますから、手入れをする必要はありません。歯が伸びてしまう場合は、何らかの異常がありますので動物病院に相談して下さい。

# 繁殖について

RABBIT

## 去勢手術は必要なのでしょうか？

ウサギでは、未去勢のために起こる疾病はあまり知られていませんが、まれに、精巣腫瘍などになる可能性はあります。去勢手術をしていないオスウサギを同居させるとケンカが絶えず、外傷の原因になります。また、単頭飼育でもマーキング行動をする子や、攻撃的な子もいます。性ホルモンがすべての原因とは言えませんが、去勢をすることで改善する例もあります。そのような場合は、去勢手術を検討されても良いでしょう。

## ウサギの妊娠・出産とは？

メスウサギは、生後4～5カ月で性成熟に達して妊娠が可能となります。ウサギには、はっきりした発情期はありませんが、オスウサギを許容する時期が周期的に来ます。交尾をして妊娠するとメスウサギは、自分の毛を抜いて敷き詰めるなど巣作り行動をします。妊娠期間は30～32日間で巣内で4～12頭の子ウサギを産みます。子ウサギは毛も生えておらず、ほかの動物に比べて未熟な状態で産まれます。

## ウサギの育児放棄はどのようにしたらいいでしょうか？

母ウサギは、1日に1度だけ子ウサギに栄養価の高い乳を飲ませ、そのほかの時間はほとんど子ウサギの世話をすることはありません。そのため、飼い主は母ウサギが育児放棄をしているように感じることが多いようです。母ウサギが巣を出ている間に子ウサギたちをそっと観察し、お腹が過度にへこんで脱水をしていれば育児放棄の可能性があります。ただし、確認の際に母ウサギにストレスをかけると育児放棄のきっかけとなる可能性がありますので注意が必要です。48時間にわたって母ウサギがおっぱいを与えていない場合は、育児を放棄したとみなして人工保育を行う必要があるでしょう。おっぱいを与えられていない子ウサギは、お腹がへこんで脱水しています。

## 子ウサギの人工保育はどのように行うのですか？

母ウサギが本当に育児放棄をしてしまった場合、人工保育が必要です。動物病院かペットショップで相談して小動物用のミルクと吸い口の形状が小さい子ネコ用の哺乳瓶を用意しましょう。人工保育の際には、1日に4～6回程度に分けてミルクを与えます。2cc／日齢を1日の投与量の目安にして増加させていきます。3週齢くらいで少量の牧草を食べ始めます。この際に慌ててペレットを食べさせると致死的な下痢を招くことがありますので注意して下さい。また、この時期に成ウサギの盲腸便を採取して食べさせることを推奨する意見もあります。おおむね5週齢で離乳させます。

## ウサギは何歳くらいから子供を作れるようになりますか？

ウサギの性成熟は、メスでは4～5カ月齢であり、オスでは5～8カ月齢と言われており、この時期から交尾、妊娠、出産が可能となります。最近流行している小型のウサギほど、比較的早熟な傾向があるようです。性成熟は、交尾や妊娠出産が可能になる時期であると同時に、性ホルモンと関連した様々な行動がみられるようになる時期です。メスウサギは、縄張り意識が強くなります。オスウサギは、オス同士で激しいケンカをするようになることがあります。

## 発情するとどのようになりますか？

家庭で飼育されるウサギは、明確な発情期を持たず通年で繁殖が可能な動物です。性成熟（思春期）を迎えたあとは、イヌやネコのような特定の発情期を示すことはありません。思春期を迎えたオスウサギは、マウンティングやスプレー行為をするようになることがあります。また、ほかのオスが自分の縄張りに入ることを許容できなくなります。メスウサギは、偽妊娠となって自分の毛を抜いて巣作りをすることがあり、発情期の行動と間違われることがあります。

# しつけについて

RABBIT

## トイレのしつけはどのように教えたらいいのでしょうか？

ウサギは、野生下でも一定の場所に排泄する習性があり、トイレのしつけが比較的に容易な動物です。飼い始めた際には、ウサギが排泄をする場所を観察して、その場所にトイレを置くなどしてあげましょう。トイレの中に少量の糞や尿を入れておくのも有効な場合があります。大人のウサギが室内の様々な場所に排尿する場合は、性ホルモンの働きによってマーキングを行っている可能性があり、それに対しては避妊手術や去勢手術が有効な場合もあります。動物病院にご相談下さい。

# 健康管理について

RABBIT

## 下痢便というのはどのくらいの状態のことをいうのでしょうか？

常に出ている丸い便が小さく少なくなり、臭いのある水分を多く含んだ便ばかりが出る場合は、下痢便の可能性が高いです。丸い正常便がたくさん出ている状況で認められる粘りのある軟便は、正常な盲腸便の場合もあります。下痢便を疑う場合は、動物病院で糞便検査をしてもらって下さい。

## 肥満ウサギに与える食事はどのようにしたらいいでしょうか？

肥満の原因は、ほとんどの場合がペレットの食べ過ぎなので、1日に与えるペレットの量を制限することが大切です。牧草は、いつでも好きなだけ食べられるよう、十分な量を与えても構いません。野菜は、牧草を食べる量が減らない程度でいいでしょう。そして、ペレットを中心とした食事から、牧草を中心とした食事へと切り替えていって下さい。ただし、ウサギは急激な変化への対応が苦手な動物なので、食事の切り替えは時間をかけて、少しずつゆっくりと行って下さい。

## ウサギが健康かどうかは、どこを見て判断するのでしょうか?

いつもと様子が少しでも違う場合は、何かしらの病気を発症している可能性があります。早めに動物病院にご相談下さい。また、ウサギの健康を維持できる適切な飼育ができているかについても、心配だったり必要であれば動物病院にご相談下さい。

## 長生きさせるコツはありますか?

長生きするかどうかは、個体ごとの生命力も考慮しなければいけませんが、一般的には適切な室温での温度管理、清潔な環境、良質なチモシー牧草、適切な給与量のラビットフード、ストレスを与えない範囲での飼い主とのコミュニケーションなど、日々の飼育が充実したものになるよう心がけて下さい。

## ダイエットはどのように行えばいいでしょうか?

急激な食事制限は、ウサギにとってストレスとなるため、ダイエットはなるべく時間をかけて行うことが大切です。最初は体重が減らなくても、あせってはいけません。1週間に2%未満の減少に留めるよう注意して下さい。また、ダイエット中は正確な体重を量る必要があるため、体重計を準備して下さい。ダイエットを始めたら、1週間に1回体重測定を行い、食事の量を調整して下さい。1日に与えるペレットの量は、体重の1・5％以下（高齢のウサギは0・5〜1％）になるまで、徐々に減らしていって下さい。そして、1日量を2回以上に分けて与えて下さい。牧草は自由に与えて構いませんが、それ以外の食べ物はできるだけ控えて下さい。

## 太っているか痩せているかを判断する方法はありますか？

ウサギは、どの品種でも個体差が大きいため、太っているか痩せているかの判断は、体重ではなく皮下脂肪の量を確認することで行います。皮下脂肪の量を判定する最適な場所は、あばら骨（肋骨）周辺です。背中から胸のあたりにやさしく両手を当てて、あばら骨が触れるかどうかを確認して下さい。あばら骨が触れない場合は太っていると判断し、あばら骨がごつごつ感じられた場合は、痩せていると判断します。

## ウサギは寿命が短いといいますが、少しでも長生きさせるにはどうしたらいいですか？

ウサギは清潔好きです、まず、清潔に飼育して下さい。例えば、容器を洗い、新鮮な水をいつでも飲めるように、また足の裏はきれいか、糞などついていないか床が湿っていないか等に注意しましょう。また、環境では暑さ寒さの対策など心がけましょう。健康面では、毎日の食欲や糞の状態などの観察が大事です。良く観察し、良い環境での飼育が長生きの秘訣です。

## 食べ物で健康や寿命に差が出るものでしょうか？

草食のウサギは、繊維が不足すると胃腸の動きが悪くなり、毛玉が詰まったり、下痢になることがあります。また、ウサギの歯は一生伸び続けるので、牧草を食べて歯を正しくすり減らさないと、歯の噛み合わせが悪くなり、食べることができなくなることもあります。これら以外にも、食べ過ぎによる肥満は、心臓病、肝臓病（脂肪肝）など様々な病気を引き起こす原因にもなります。繊維が豊富な牧草を中心とした食事を与え、適正体重を維持することで、これらの病気が予防できれば、長生きにつながると思われます。

## バランスが悪くすぐにひっくり返るのですが、病気ですか?

病気の場合、前庭障害《ぜんていしょうがい》や脳神経系の疾患もしくは、関節などの問題でひっくり返ってしまうことがあります。また、栄養障害でも体に力が入らず、ひっくり返ることがあるかもしれません。動物病院にご相談下さい。

## コクシジウムが見つかったらどのように対処すればいいのでしょうか?

コクシジウムは、ウサギの消化管でよく見られる寄生虫であり、疾病の原因になります。ウサギに寄生する腸コクシジウムは、11種類あると言われています。病原性の程度は、コクシジウムの種類やそれぞれのウサギのほかの疾病やストレスにより様々です。病原性が低いものは無症候性ですが、何かの誘引により腸炎の原因にもなります。肝臓に寄生するコクシジウムもおり、子ウサギで発病率、死亡率ともに高く、同腹子《どうふくし》で発症します。肝コクシジウム症は食欲低下、削痩《さくそう》、黄疸《おうだん》、肝臓腫大腹水、腹囲膨満などの症状を現します。治療は、腸コクシジウム症と同じです。

病院でコクシジウム症と診断をされた場合、きちんと薬を投与して駆虫しましょう。同じ環境で飼育されていたウサギがいるようであれば、同時に治療を開始するほうが安心だと思います。同時に飼育環境の改善も実施すべきです。主治医によく相談してみて下さい。

コクシジウムが検出された子ウサギが、下痢や食欲低下などの症状をともなっている場合、腸毒素血症や脱水などにより命を落とすことがあります。流動食の強制給餌や補液などの手厚いケアと、積極的治療を行わなくてはいけません。

## 人間用の蚊取りマットを使っていますが、問題ありませんか？

動物種により、使用してはいけない薬剤などが異なる場合もありますが、蚊取りマットに関しては、通常の使用であれば問題はないはずです。屋内での適正使用であれば良いと思われますが、屋外での使用は想定外だと思われますので風向きによりあまり効かないかもしれません。いずれにせよ、効能外使用ですので、飼い主の責任において判断して下さい。

# 病気・けがについて

RABBIT

## 体の後ろ半分が動かないようなのですが、どのように対処したらいいでしょうか？

急いで動物病院にご相談下さい。ウサギの後躯麻痺《こうくまひ》は、脊椎骨折、脳神経系への感染、栄養失調などの場合があり、緊急性を要することが多いです。

## アレルギーを調べてもらうにはどこに行ったらいいでしょうか？

人がウサギに対してのアレルギーがあるかどうかを調べるには、人間のアレルギー科に相談されると良いと思います。エサの牧草のアレルギーなどもよくありますので、アレルギー科のお医者さんにご相談下さい。

## ウサギの熱中症はどんなときに起こりますか？

ウサギもイヌもネコも人間も同じですが、体に熱がこもると熱中症を起こします。直射日光が当たって暑かったのだけではなく、日陰でも環境中の湿度温度が高い場合発症することがあります。急激な体温の上昇（40度以上）のため、よだれを大量に出すほか、脱糞や一時的にふらついて倒れてしまうことがあります。さらに、目や口腔粘膜の充血（赤レンガ色、やや暗めの赤色）が起こってきます。さらに進行した場合、虚脱や失神、筋肉の震えが見られたり、意識が混濁し、刺激に反応しなくなったりします。さらには、完全に意識がなくなったり、全身性の痙攣発作を起こしたりすることもあります。症状がかなり進行すると、下血（血便）、血尿といった出血症状が見られたり、酸素をうまく取り込めずチアノーゼが見られたり、最悪の場合は血液凝固不全やショック状態、多臓器不全を起こし亡くなることもあります。

初夏でも車での移動であるとか、風通しの悪いケージ内での留守番、暑い夏のお留守番時には気をつけて下さい。高温にならないようエアコン等の使用も考えて下さい。

## 下痢、軟便が続き痩せていきます。どうしたらいいのでしょうか？

寄生虫感染症、細菌感染症など原因は様々です。

それにより治療法も異なりますので、早いうちに、動物病院で診察を受けて下さい。体力のないウサギや子ウサギはあっという間に亡くなってしまうことがあります。診察時には、新鮮な便を持っていき、便検査もしてもらいましょう。

## 首が傾いてきている気がします。病気でしょうか？

首が傾くことを斜頸《しゃけい》や捻転斜頸《ねんてんしゃけい》と言います。前庭障害が原因で、パスツレラ症などの細菌感染、原虫の感染によるエンセファリトゾーン症、また、鼓室《こしつ》など耳への障害が考えられています。

## クシャミ、鼻水、前足の内側が汚れていて元気がありません。どう対処したらいいですか？

上部気道疾患（スナッフル）が疑われます。上部気道疾患は、主にパスツレラという細菌感染が原因となっており、白色から黄色の膿性あるいは粘液性鼻汁をともなう鼻炎副鼻腔炎を起こします。

鼻汁が鼻孔周辺の被毛に付着し、これをウサギが前足で毛繕いするため前足の中間部分の被毛が汚れてしまいます。

鼻炎が軽度、あるいは急性症状が治る場合は、感染が消失する場合もありますが、慢性症状に移行した場合には自然治癒はほとんど起こりません。

抗生物質での治療が必要ですので、早めに動物病院へ連れて行ってあげましょう。

## 耳がかゆくて足でかいて血が出ることがあります。元気もありません。病気なのでしょうか？

血が出るくらいにかくとのことですので、かゆみが強くてフレーク状の耳垢が多いようであればミミダニの寄生も疑われます。単なる外耳炎の場合もありますが、いずれにせよ動物病院で駆虫剤あるいは抗生物質の投与や耳のケアも必要な可能性が高いので、動物病院へ連れて行きましょう。

## よだれが出て、あごや足が脱毛してしまいました。元通り毛は生えるのでしょうか？

あごや足の脱毛は、よだれが出て皮膚が湿ることによって起こった皮膚炎に起因すると考えられます。よだれが出る原因が治まれば通常毛は生えてくるでしょう。むしろ脱毛の心配より、よだれが出ることのほうが心配です。よだれが出る原因はいろいろありますが、不正咬合《ふせいこうごう》や歯根膿瘍《しこんのうよう》のような口腔内の疾患が疑われます。不正咬合があった場合は、歯を切りそろえたりする必要があります。歯根膿瘍があった場合は、歯の処置や抗生物質の全身投与なども必要になって来るかもしれません。

## エサを食べないで、よだれを垂らしています。病気なのでしょうか？

ウサギが食欲不振となり、よだれを垂らしている場合、圧倒的に多いのは歯のトラブルです。ウサギは、ほかの一般的な動物と異なり、硬い草を咀嚼するために奥歯が一生伸び続けるように進化しています。ところが、ペレットやおやつばかりを与えられていたり、遺伝的に歯並びが悪かったりすると、奥歯が不自然な削れ方をしてきます。その結果、トゲが形成され舌や頬が傷つき食べることができなくなります。ウサギの食欲不振は、緊急事態ですので、なるべく早く動物病院に相談するようにして下さい。

## 足の裏の毛が抜けて赤くなっています。どこか悪いのでしょうか？

足底皮膚炎《そくていひふえん》の可能性があります。足底皮膚炎は、潰瘍性足皮膚炎、飛節びらん、ソア・ホックとも言われます。正常範囲の脱毛とタコはほとんどすべてのウサギに認められますが、正常範囲と軽症の足底皮膚炎との境界は不明瞭です。

本症にかかりやすい要因として硬い床材（コンクリート、フローリング、金網等）があげられ、ウサギ自体の要因としては肥満、足裏の被毛が薄いこと、スタンピング癖などが考えられます。中には、敗血症を起こしたり、断脚をしないといけなくなるような重症例もあるので、異常があれば早めに受診して下さい。

治療としては、抗生物質の患部への塗布や、全身投与を行います。清潔で軟らかい床を保つことで予防を行います。軟らかい床材に関しては、齧ったり食べたりしないことも重要で、万一食べてしまっても安全なものを使用したほうが良いでしょう。

床材の例としては、ケージ飼育の場合、床のトレーの上にスポンジを敷き、その上にキッチンの床材などに使用する防水性でかつクッション性の床材を使用します。また、コルク板等を使用しても良いでしょう。床の湿気や汚れも大きく関与しますので清潔を心がけて下さい。

## オシッコが赤いのですが、病気でしょうか？

病気の場合と病気ではない場合があります。病気の場合は血尿や、メスの場合は子宮からの出血の可能性があります。若齢ウサギの子宮からの出血は緊急疾患となる場合も多いので早めに動物病院にご相談下さい。病気ではない場合は、緑黄色野菜をたくさん食べることによるポルフィリン尿です。偏ってたくさん与えている野菜があれば数日に与えるのを控え、尿色を確認してみて下さい。

## 尿がいつもより濃く、頻尿となり血尿のときもあります。どうしたらよいですか？

尿石症や膀胱炎などの泌尿器疾患、もしくは未避妊のメスであれば子宮などの生殖器疾患の可能性が考えられます。血尿が出るとのことですが、ウサギの場合、食事の内容や代謝により病気ではなくても「赤い尿」が出ることがあります。出血なのか否かは尿検査にて判断できます。動物病院にて尿検査、レントゲンや超音波といった画像診断、血液検査などを受けることが望ましいと思われます。

# 食事について

RABBIT

## どのくらいのエサを与えればいいでしょうか?

ウサギは、ほかの動物が利用できないような硬い草や木の皮などを、消化吸収するために独自の進化をした動物です。完全な草食動物で、高繊維で低栄養の食物を一日中食べ続けるのが本来の食生活です。良質の牧草を一日中食べられるようにしておいて、ペレットはその場で食べきる量を1日2回程度に分けて与えるのが良いでしょう。ペレットの袋に表示してある給餌量は、多すぎることもありますので注意しましょう。野菜は、良質な牧草と適切な量のペレットを与えていれば必須ではありませんので、ごほうびや楽しみのために、またはウサギとのコミュニケーションのために、ニンジンをスライスしたものを手から与えるなどすればいいでしょう。

## 「ペレットと野菜のバランス」という言葉をよく聞くのですが、どういうことでしょうか?

「ペレットと野菜のバランス」よりも「ペレットと牧草のバランス」と考えるべきだと思います。生野菜は、重さや見た目の量の割に栄養素や繊維質をあまり含んでいません。人間が食べやすいように改良された野菜は、ウサギ本来の食べ物とは言えません。ウサギとコミュニケーションを取るためにニンジンをスライスしたものを手から直接食べさせるなどは良い方法ですが、野菜はあくまで補助的なエサととらえるべきです。野菜と牧草を並べておくと野菜を好んで食べるウサギが大半です。野菜を大量に与えることによって、牧草の食べる量が減ってしまうことがないように注意が必要です。

## 糞を食べているようなのですが、エサが足りないのでしょうか？

ウサギの糞には硬くて丸い糞（硬糞）と、盲腸糞（＝盲腸便）と呼ばれる軟らかくまとまった糞の2種類があり、盲腸糞を食べることは正常な行動です。ウサギの盲腸では、小腸で吸収されなかった食物成分を利用して、腸内細菌による発酵という形で、ビタミンやタンパク質などの重要な栄養素が作られています。この栄養素を小腸で吸収させるために、一度糞という形で排泄してから食べるという行動を取っています。盲腸糞は1日に1回しか排泄されず、お尻から直接食べることが多いので、その行動に気づかないこともあります。硬糞を食べる理由については、今のところよくわかっていません。

## ペットショップで食べていたペレットと同じものを与えたほうがいいと聞きましたが本当ですか?

ペットショップから家に来た直後のウサギは、環境の変化によって強いストレスを受けています。この時期に食事内容まで急に変更すれば体調を崩すきっかけとなるかもしれません。ペレットの種類を変えたいときは、1週間程度はペットショップで食べていたペレットを与え、特に問題がなければ、自分で用意したペレットを比率を上げながら混ぜ、1週間程度時間をかけてゆっくりと切り替えていくのがいいでしょう。

## ペレット選びで気をつけることはありますか?

ウサギにカルシウムを多く含んだペレットを与えるとカルシウム尿結石ができてしまいます。以前は、わざわざカルシウムを添加したようなペレットまで市販されていましたが、最近では市販のペレットの品質も向上して、尿結石の発生頻度も減少してきています。購入する際には、カルシウム含有量がほかのペレットに比べて高くないか注意して下さい。ある程度の価格帯のペレットを選べば、おそらく大きな問題はなく、むしろ牧草の品質が直接的に健康状態に影響すると思われます。

## なぜ牧草を与えるのが大切なのですか？

私たちがウサギに用意できるエサの中で、牧草が最もウサギに必要な要素を満たしているからです。ウサギを長生きさせるためには、歯や胃腸のトラブルが起きないようにすることが大切です。

良質な牧草を十分に与えることは、その両方にいい効果があります。ペレット中心の食生活では歯が悪くなったり、繊維質不足からウサギの健康のバロメーターと言えるウンチの大きさが小さくなっていきます。また、市販されている牧草は、品質に差がありますのでよく選んで与えることが大切です。

## 与えてはいけない野菜の種類はありますか。また、その理由は？

草食動物であるウサギに野菜（人間が食べる野菜）を与えることは、本来は好ましいことではありません。干し草を食べる量や機会を少なくしてしまうからです。そのことを承知した上で与える場合という前提で、与えてはいけない野菜は、ネギ類（タマネギ、長ネギ、ニラ）、アスパラガス、そのほかに消化管内に異常なガス産生の可能性のあるトウモロコシ（カビにも注意）やイモ（サツマイモ、ジャガイモの芽や皮）をある程度以上与えるのも危険です。尿路系（腎臓、膀胱など）での結石の主なものであるシュウ酸カルシウムの原材料となりうる食材、代表的なものとしてはほうれん草ですが、複数の野菜の食べ合わせも心配になります。そのほかにも、水分含有量の多い野菜の多給は前述のようなバランスの良い食生活としては不適であることを忘れずに。どうしても野菜を与えたいなら、便の様子を見ながら量を少しにして、与えても良いと長年言われている野菜、例えばニンジン（葉）、大根の葉、カブ（葉）、セロリ、小松菜、パセリ等を少量与えるほうが安全です。

## 食べてはいけない観葉植物と野草にはどのようなものがありますか？

アブラナ科の葉牡丹なら食べられるかもしれませんが、基本的に観葉植物で安全に食べられるものはないと思っていたほうが無難です。私は、個人的に野草に興味があり、近所の野草の名前はほとんどわかりますが、普通の人はタンポポとブタナの区別がつきません。自生しているものを与える場合は、野草の勉強がまず必要になります。よく目にする野草ではタンポポ、クローバー（シロツメクサ、アカツメクサ）、ナズナ（ぺんぺん草）、スイバ、笹の葉、オオバコなどはどこにでも見かけますし、わかりやすい野草です。駆虫剤を散布された直後のこともあるので、採取するときは十分な注意をしなくてはいけません。

# PARAKEET
## インコ

# 飼い方について

PARAKEET

## インコを飼うためにそろえておいたほうがいいものはありますか？

インコの飼育環境を整えることが、健康に過ごさせるための最重要課題です。最低必要なものを以下に列記します。

ケージ（一式）・発育段階に合ったエサ（ペレットor種子）・保温用器具・温度計。

## どのような材質のケージがいいでしょうか？

いろんな種類の材質のものが販売されています。予算さえ許せば、ステンレスのメッシュケージをおすすめします。

理由は錆びず、丈夫でいつまでも美観を損なわないということです。またメッキの場合は、時間とともに劣化します。また、メッキの素材による健康上の問題が生じる可能性があります。

## おしゃべりを覚えやすいのはオス・メスどちらでしょうか？

おしゃべりを覚えやすいのは基本的にオスです。インコは雌雄共、舌や喉の構造がいろいろな種類の声を出すことが可能な仕組みになっていますが、オスは求愛行動としてメスの関心をひくため、様々な鳴き方を披露することで自らを誇示していると言われています。最近の研究で、オスはメス自身の鳴き声を真似することにより、ペアの絆が強くなるということがわかりました。すなわちオスは、真似の必要性があり、必然的にメスよりおしゃべりを覚えやすいということでしょう。

## 飼い方の基本とは？

インコには、体重1kgにもなる大型のコンゴウインコからアケボノインコのような中型のインコ、そして数十グラムのセキセイインコまで様々な種類があり、それぞれ飼育方法が異なってきますが、ここでは広く一般的なセキセイインコについて御説明します。

飼育するスペースは、一般に市販されている30cm角程度のカゴが便利です。可能であれば大きなサイズの品を利用しても良いでしょう。手乗りであれば屋内に放鳥して運動させることが推奨されます。餌は、従来の混合餌（皮付きを好む）か、長期的な栄養バランスに考慮するならば、小型インコ用のペレットフードがお勧めです。ペレットは、幼鳥期から慣らしておくと食べますが、成長になってからの変更には少々根気が必要なこともあります。これらの他に、手頃なミネラルやビタミン源としてボレー粉や新鮮な青菜、粟穂なども与えておくと良いでしょう。季節に応じた管理も必要となります。オーストラリア原産のセキセイインコは、寒さに弱いので冬期の温度低下に注意しましょう。年に1～2回、羽が生え変わります（換羽）が、その時期は栄養を必要としますので不足しないように注意しましょう。セキセイインコの健康は、餌の減り方、水分摂取量、糞便の数、見た目の元気などでおおよその見当が付きますので、おかしいな？と感じたら、動物病院に相談してみてください。

## 大きめのケージに複数のトリを飼うことができますか？

トリ同士の相性が良ければ、複数のトリを飼うことはできますが、あまりすすめられません。

その理由は、個々のトリの健康状態を把握することが困難になるからです。トリの健康状態の基本的な指針は、糞便の数・状態によります。同じケージで複数のトリを飼うと、その確認が困難になります。

## 室内にあるもので、インコにとって危険物になるものはありますか？

危険なものは、数多くあります。室内で放鳥したインコは、飛翔、着地、徘徊、好奇心から様々な行動（狭い場所に入り込む、いろいろなものを齧る…）をします。飛翔時に危険なものとして、扇風機、換気扇、掃除機など巻き込まれてしまうもの、体の一部が引っかかり絡まり骨折の原因となるような網状のものや垂れた紐状のものも危険です。着地時には蓋のないものへの着地落下事故も多く、料理中の熱湯・揚げ油、揮発性・毒性物質など、体を傷つける恐れのある刃物や鋭利なものなども危険物となります。想定できる事故につながるものはすべて危険物として見なし、片づける必要があります。また、齧ることにより感電の危険のあるコード、齧り摂取すると危険な中毒性物質すべて。また、インコを襲う動物。危険物ではありませんが、危険状況として、狭い場所に入り込む事故（電化製品の裏側、人が気づかない隙間や細く開いた引き出しなど：発見できないまま手遅れになることも）、飼い主自身が原因となるうっかり事故として放鳥しているインコに気づかず、上に腰かけたり、踏んだり、ドアで挟んだり…。以上のように危険物・危険状況は限りなく多くあるので、室内での放鳥を楽しむためには、しっかり環境を整え、注意深い監視のもとで行うことが大切です。

## 卵を外しても、カゴの中で温め続けているのですが、大丈夫ですか？

メス自身で食事をしなくても、オスが給餌して体重減少がなければ大丈夫ですが、もし食事せず巣篭もりしているのであれば、大変危険な状態です。早急に巣になっているカゴを除去して下さい。

## お尻が大きく不格好になっているのですが、病気でしょうか？

病気と考えて良いでしょう。その原因として考えられるものを次に列記します。肥満、黄色脂肪腫（イエロー・ファット）、腫瘍、ヘルニア、卵塞《らんそく》、総《そう》排《はい》泄《せつ》腔《くう》脱《だつ》など。

早めの受診を、おすすめします。

## インコ同士がケンカしてばかりいます。どうしたらいいでしょうか？

インコ同士のケンカは、外傷そのものとストレスから放置していると死に至ることもあります。ケージを分けることが必要です。

## オスのインコがいないのに卵を産みますがなぜですか？

鶏が、オスがいなくても産卵するのと同様です。産卵は、哺乳類でいうと排卵に当たります。従ってオスがいなくても卵を産みます。ただし、無精卵ですので、いくら温めても雛が生まれてくることはありません。卵を抱かせると体力を消耗させるだけですので、できるだけ速やかに取り除いて下さい。

# インコの爪は切ったほうがいいのでしょうか？

長く伸びた爪は、いろいろなところに引っかかり、爪の損傷、骨折などの重大な事故を引き起こす恐れがあります。適切な長さに切る必要があります。

爪を切る場合は、爪の中の血管を確認し血管を傷つけないよう十分注意して切って下さい。

# しつけについて

PARAKEET

## セキセイインコはしつけることはできますか？

基本的には困難です。根気良く繰り返ししつけていけば、効果のある場合もありますが、あまり期待しないほうが賢明です。

## インコの噛み癖は直せますか？

非常に困難です。

元々、インコは硬いものを噛む習性があります。イヌ同様に、噛んだら寂しくなるように相手をしないという方法もありますが、あまり期待できません。

# 健康管理について

PARAKEET

## 寒いときの防寒対策はありますか？

種々な防寒器具があります。温度を自由にコントロールでき、二酸化炭素を排出しないものを選んで下さい。

例　エアコン・遠赤外線電気ストーブ（ヒーター）・電気コタツ・強制排気型のガスor石油ストーブなど。

ただし、風の出るものは、直接風が当たらない所にケージを設置して下さい。風が直接当たるとトリが落ち着きません。

## 日光浴をさせたほうがいいのでしょうか。

成鳥においては特に必要ありません。

幼鳥（1〜3カ月齢）では、1日30分程度の日光浴で栄養性脚弱症の発症を抑制することができます。また、発症した場合は、日光浴は治療の一助になります。

## 肥満インコに与える食事はどのようにしたらいいでしょうか?

セキセイインコの肥満は、食事管理の不具合によって生じることがほとんどです。ヒエやアワなどを様々な比率でミックスしたセキセイインコ用のエサが市販されていますが、その比率によってカロリーが異なります。肥満インコ専用に配合したフードを入手して与えると良いでしょう。また、肥満になるインコは、配合されたエサの中でも好きなものだけを偏って食べている傾向があります。そのような場合は、栄養バランスが整ったペレットへの変更を試みてもいいかもしれません。

## 太っているか痩せているかを判断する方法はありますか?

インコを片手で優しく持ち、胸の前面にタテに走っている胸骨を触れてみましょう。適切な体重のトリでは、胸の筋肉の間にわずかに胸骨が触れます。痩せたインコでは、胸骨が尖って触れます。反対に太ったインコでは、筋肉に埋もれてしまい胸骨を触ることができません。体重は、大切な健康のバロメーターとなります。キッチンスケールと虫カゴなどを利用して体重を定期的に測定すると良いでしょう。

## ダイエットはどのように行えばいいでしょうか?

セキセイインコをダイエットさせるときには、食事内容を見直す必要があります。ムギやヒマワリの種などのカロリーの高いエサを含んだ配合飼料は肥満の原因となります。肥満インコに与えるために配合された飼料や、栄養バランスの整ったペレットなどを利用するといいでしょう。ただしエサを切り替えた際に嗜好が合わないとまったく食べないこともあります。絶食になると危険ですので、1日の中で時間帯によって新しいフードを与えたり、従来のフードを与えたりなど工夫するといいでしょう。

## 長生きさせるコツはありますか?

適正な食事と飼育環境を守ることがコツです。また、いつもと違うと気づいたら、早急に受診することです。

セキセイインコに限定してお答えます。

**インコの基本的な食事**　年齢に合った種子またはペレットに加えて緑黄色野菜を与えることです。カルシウム補給の目的で牡蠣ガラあるいはイカの甲も必要です。

種子の場合は、殻（皮）つきで多種類のミックスされたもので発芽試験を行い、80％以上が芽の出る種子を与えることです。芽が出ない種子は、劣化したものですので与えないで下さい。発芽試験は、購入ごとに実施して下さい。与える種子の量は少なめにし、1日1～2回取り替えても無駄にならない量を設定して下さい。多すぎた場合、殻が種子の上を被い食べられなくなります。また、エサをついばんでいても食べていないことがあります。食べているか、いないかを判断するには、糞の数を調べて下さい。1日当たり30個前後の糞を覚認できれば問題はありません。

**発芽試験の方法**　浅いトレーにガーゼを敷き、軽く水を浸して種子を撒き、日当たりの良い所に置きます。1~2週間で80%以上が発芽するのを確認して下さい。

**インコの基本的な飼育環境**　ストレスの少ない、安心できる住環境を確保し、ケージ内は、常に清潔に保つことが求められます。

イヌ、ネコ、フェレットなど外敵となる動物との同居は避けて下さい。同居する場合には同室は避けること、目線を合わすことも避けて下さい。

① **ケージの広さ**　最低50×50×50センチ程度の広さが必要です。

② **止まり木**　インコの足のサイズに適合し、滑らないもの選び、しっかり固定して下さい。不安定だと落ち着きません。

③ **水入れ**　インコが楽に水浴できる広さと深さのもので、ひっくり返らないもの。

④ **食器**　しっかり固定され不安定感のないもの。

⑤ **温度**　一般的には20~35度。理想は29±2度です。体調の優れないときには、理想温度に保って下さい。2時間以上、理想温度で暖めても羽毛が膨れている場合は明らかな体調不良です。早急に受診して下さい。

⑥ **湿度**　40~60%を保って下さい。70%以上、35%以下にならないように注意が必要です。

⑦ **自由運動**　1日1回は、自由にフライトさせて下さい。飼い主が落ち着いて見守れる時間帯に限定して下さい。また、危険物のない部屋であることも必要条件です。

# 食べ物で健康や寿命に差が出るものでしょうか？

人やイヌ、ネコと同様にインコにおいても食生活と健康や寿命は密接な関係にあります。適切な食事を与えていないと肥満になったり、ビタミンやミネラルの過不足による病気になったりする可能性があります。最近は、インコに必要な栄養をすべてバランス良く配合したペレットが、比較的容易に入手できるようになりましたので、それらのペレットを試す価値もあるでしょう。

# 病気・けがについて

PARAKEET

## 目の周りが赤くなっているのですが、病気なのでしょうか？

目をしょぼしょぼさせていたり、涙が出ていたりしていませんか？　また、目をぶつけたりはしていませんか？　目の周りが赤くなる原因として、皮膚炎のほか、外傷による打撲や、結膜炎などの目の病気、そして副鼻腔炎《ふくびくうえん》などの鼻の病気などが考えられます。そのままにしておくと悪化する恐れもあるため、一度、獣医師にご相談下さい。

## タケノコのような毛が生えてきて、地肌が見えます。どうしたのでしょうか？

タケノコのような毛は筆毛《ふでげ》といい、新しく生えてきた羽毛です。成鳥では、周期的に新しい羽毛が生え替わる換羽《かんう》という現象が年に2回ほど起こり、短期間で大量に抜ける場合や長期間続くこともあります。このときは病気になりやすいため、しっかり栄養をとらせてあげましょう。またストレスや病気によっても毛が抜けることがあるため、なかなか毛が生えそろわないときは、獣医師にご相談下さい。

## 排泄物が水分だけのときがあります。病気ではないですか？

哺乳類と違って、トリはお尻の穴から便も尿も同時に出します。尿には尿酸と水分尿があり、通常は便に尿酸が付着し、周りに少量の水分尿が見られます。水分尿の量が多くなったり、便をともなわずに水分尿のみ排泄したりするようなら、病気が隠れている可能性もあります。腎臓病や、糖尿病やホルモンバランスの崩れといった代謝性疾患を患っていると、飲水量が多くなり、その結果として尿の量も多くなります。オスでは、発情期に水分尿が生理的に多くなることもありますが、尿検査や糞便検査はトリの体に負担をかけずに実施できますから、心配な場合は一度検査を受けられることをおすすめします。排泄に問題がなくても、健康診断の一環として定期的に検査しておくとより良いでしょう。検査には液体の状態で持ってきてもらう必要がありますから、自宅で取ることが難しければ、外出前にケージの床にラップを敷くなどして受診すると良いでしょう。

## 上のくちばしが変色してきました。なぜなのでしょうか？

上くちばしの変色は、正常な場合と何らかの病気が関係していることがあります。トリの種類にもよりますが、「上くちばし」そのものの色の変化、特に「ろう膜（くちばしの上、鼻のところ）」の色の変化は成長にともなう生理的な変化、正常な性ホルモン分泌の始まりにともなう変化、さらに老化にともなってホルモン分泌が異常を起こす結果、あるいは血液や循環の変化を表現していることがあります。くちばしの伸び過ぎ、くちばしに線が入っている、くちばしに内出血などが見られる、などの場合は獣医師に相談しましょう。寄生虫病や肝臓あるいは甲状腺などの内分泌の病気、代謝障害、栄養障害なども疑われます。飼育環境や食事が影響していることも多いので、鳥カゴをそのまま持参するか、写真に撮る、普段の食事を少し持参する、等の方法を用いていただくと、より正確な診断に至りやすいでしょう。

# 食事について

PARAKEET

## 野菜やフルーツの残留農薬が心配ですが、健康に影響はありますか？

鳥類は農薬や殺虫剤、除草剤などの環境毒性に敏感な生き物です。野菜や果物はしっかりと洗い流し、水気をよくふき取ってから与えるようにしましょう。有機栽培で育てたものを与えるようにしても良いでしょう。

## トリに与える食べ物は何がいいのでしょうか？

基本食であるシードミックスだけでは、健康維持、良好な羽作り、肥満防止に有効なビタミンを充分に摂取することができないので、野菜や果物といった新鮮な生の食べ物を与えることも必要です。野菜や果物は、トリが齧って遊ぶのに適切な素材になることから、旬の野菜と果物を毎日与えることはとても良いことです。ただし、トリに与えてはいけない野菜と果物もあるので注意が必要です。与えるといいものとしては、小松菜、チンゲンサイなどの緑黄色野菜などで、与えてはいけないものとしては、アブラナ科の野菜（キャベツ、ブロッコリーなど）、生のジャガイモ、インゲン、グレープフルーツ、ルバーブ（ショクヨウダイオウ）、プラム、レモン、アボカド、タマネギ、ネギ類、チョコレート、ジャンクフードなどです。大切なポイントとしては、冷蔵庫から出したばかりの冷たいものは、すぐに与えずに室温に戻し、よく洗って水気を切り、必要なら皮をむいて与えます。傷んだ箇所は捨てましょう。カビが生えていたら全部捨てます。カビは目に見えなくても奥まで浸透しています。

## 飲み水で注意することはありますか？

セキセイインコは、毎日新鮮な飲み水が必要です。水道水（冷たすぎないこと）でも喉の渇きは癒せますが、鳥専用の飲み水も売られています。水道水には塩素が含まれているため、多飲多尿がある場合は、塩素の過剰摂取となることから注意が必要です。浄水器でろ過された水や湯冷まし、あるいはミネラルウォーターは腐敗しやすいため、一日数回の水交換が必要です。病気の治療として飲み水に薬を混ぜている場合は、ミネラルウォーターの成分によって効能が薄れてしまうこともあるので注意が必要です。自動給水ボトルを使わない場合は、水入れの中に糞やエサの殻が入って汚れやすいため、糞の入りにくい形の水入れを利用するか、日に何度か水を取り替えるようにすることが必要となります。

# おやつはどのようなものを与えたらいいでしょうか？

粟穂は、大切な副食のひとつです。栄養価の高い自然食なので、繁殖中のつがい、雛、虚弱鳥、病鳥にとってもとても良いエサになります。ただし、たくさん与えすぎると、ほかのものを食べなくなってしまい、食事の内容が偏ってしまいます。シードをハート型、リング型、スティックタイプに固めたトリ用のおやつも市販されていますが、この種のおやつは、シードを砂糖や蜂蜜で固めて作ったものなので、余分なカロリーをたくさん含んでいます。普段、シードミックス、野菜、果物を与えていても、不足しがちなのがビタミンとヨード、アミノ酸です。そのため、トリ用のマルチビタミン剤をサプリメントとして食事に加えることは有益なことです。そのほか、おやつとして与えて良いものとしては、ヒマワリの種、アサの実、みかん、りんご、バナナ、ドライフルーツなどがありますが、主食と同じほどまでの量を与えては栄養バランスが崩れてしまいます。おやつの量はきちんと把握しましょう。特に、果物やドライフルーツなどは、糖分を多く含んでいるため、過剰に与えないように気をつけましょう。

# その他

PARAKEET

## インコが死んだのですが、どのようにすればいいのでしょうか？

もし自宅に庭など、埋めるスペースがあれば、そこに埋葬するのがいいと思います。あるいは、お住まいの自治体か、ペット葬儀会社やペット霊園などに相談して下さい。

# TURTLE
カメ

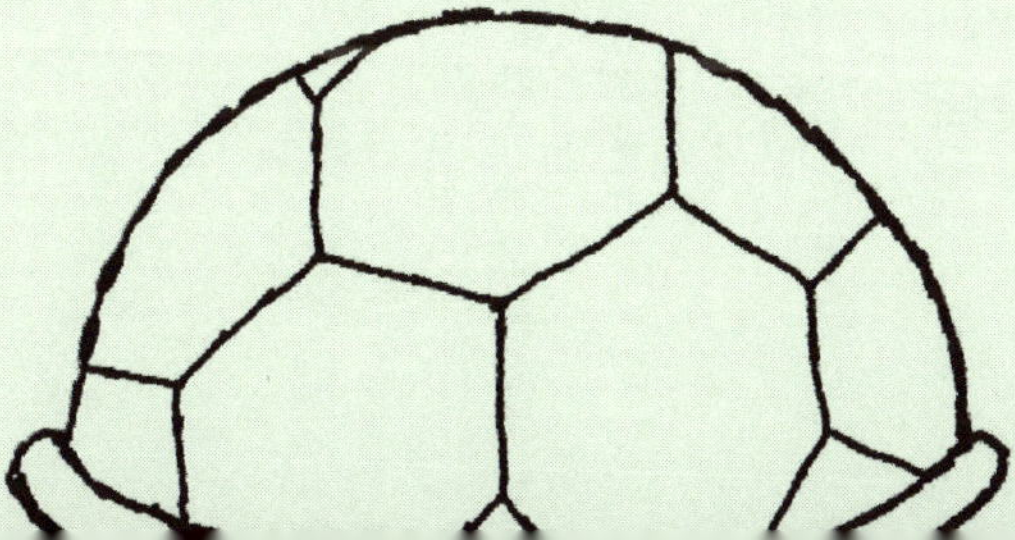

# 飼い方について

TURTLE

## カメを飼うためにそろえておいたほうがいいものはありますか?

カメを飼うために、まず必要なものは水槽です。これさえ用意すれば飼育の第一歩の始まりです。以下に必要なものを列記します。

・**濾過装置**　水を循環させ、清浄にするための装置です。水性および半水生のカメを飼育する場合に必要です。食べ残したエサ、糞などを取り除いて水をきれいにしてくれます。

・**ヒーター**　水槽の中を暖める器具です。水中に設置するタイプ、陸上に設置するタイプ、上から照らすスポットライトタイプ等があります。

・**サーモスタット**　ヒーターを制御し、水槽内の温度を自動的に適温に保つのに必要です。

・**蛍光灯**　水槽内に紫外線を供給する器具です。太陽光の役目を果たしますので室内飼育では必須のものです。

・**タイマー**　ヒーター・蛍光灯の使用時間を自動的に制御できるので便利です。

・**カメの島**　半水生のカメが体を休めるための陸地代わりのものです。石・陶器・ブロック・流木・市販のカメの陸地など。

・**カメのエサ**　カメの種類、発育段階に合ったもの。

ほかに栄養剤、水質安定剤など。

＊前記より、カメの生活形態に適合したものを選んでそろえて下さい。

## ミドリガメとクサガメの同居はできますか？

基本的にはすすめられません。

国内の河川湖沼において国産のカメが減少し、明らかにミドリガメの増殖が認められています。すなわち、ミドリガメの生活能力の高さが国産のカメの生活能力を上回っているということを示しています。

ただし、飼育下であれば自然界と異なり、食事の量的問題はありませんので、相性が合えば不可能ではないと考えられます。

## 同じ種類のカメは同居できますか？

基本的には同居は可能ですが、相性が合わない場合は不可能です。複数の同居はあまりすすめられません。健康管理上、単独飼育と異なり、どのカメがどれくらい食べ、どれくらい排泄したかを確認するのが難しくなります。食欲と排泄物の状態の確認は、健康チェックにおいて最重要項目です。

また、成長したときのサイズを考慮して下さい。こんなはずではなかったということにもなりかねません。飼育した場合、終生の飼育義務が生じます。よく考えて決めて下さい。

これらがクリアーできるのであれば問題ありません。

## ワニガメを飼うことはできますか?

淡水産のカメとしては、最大になるもののひとつです。

通常、甲長は75〜90センチまでになり、体重は90kgになります。さらに、その2倍に達するものもあると言われています。

従って、一般家庭での飼育には不向きです。もしも飼った場合は、終生飼育が義務づけられます。よく考えてみて下さい。

## 甲羅に血管や神経があるのでしょうか?

甲羅にも血管や神経が通っています。

カメの甲羅は、外骨格でイヌやネコの脊椎、肋骨および胸骨に当たります。外骨格である甲羅を正常に保つためには血管、神経の存在は不可欠です。

ただし、甲羅の最外層の成長とともに剥れていく部分には、血管や神経はありません。

## カメの雌雄はどこで判断するのですか?

通常、カメの性別を識別する信頼できる方法は、尾の長さ、太さおよび総排泄孔(クロアカ)の位置により判断します。

オスの尾は、メスの尾より長く、根元が太くなっています。また総排泄孔(クロアカ)の位置が、オスのほうがメスより後方にあります。

## 基本的な飼い方とは?

水棲カメ（クサガメなど）、水棲傾向の強いカメ（スッポンなど）、陸場を必要としないカメ（スッポンモドキなど）、陸棲カメ（ヨツユビリクガメ）、など、カメには様々な種類がいて、それぞれ飼育方法が全く異なります。購入時はペットショップによく相談し、飼育前には各種類の専門書をご確認の上、飼育をお考え下さい。また、飼育後は早いタイミングで、最寄りの動物病院にご相談下さい。

## 家を2～3日留守にするのですが、カメはどのようにしたらいいでしょうか？

2～3日程度の留守の場合、飼育設備が充分であれば、特に預けなくても問題は生じないと考えられます。留守の初日に通常通りエサを与え、あとは腐りにくいタイプのエサを少量置いておきます。

充分な設備とは、赤外線灯・紫外線灯・濾過装置等およびそれらをコントロールするタイマー・サーモスタットなどです。これらにより生活環境が守られていれば健康な個体では、大きな問題が生じることは、まずないと考えられます。暑い季節は、適切な部屋の温度設定も必要です。充分な設備が設置できていない場合、健康を害している固体、幼弱な固体は、かかりつけの動物病院に預託することをすすめます。

## ニオイガメは悪臭を放つのですか？

ニオイガメは、四肢の付け根などから自衛のためと思われる、独特な悪臭をともなう分泌物を出すと言われています。

飼育下で穏やかに接している場合は、それほど気になることはないでしょう。

## ミドリガメの前足の爪が伸びてきたのですが、切ったほうがいいのでしょうか？

ミドリガメ（ミシシッピーアカミミガメ）のオスは、前足の爪がメスと異なり伸びてきます。

顔を傷つけたり、生活に支障がある場合は、血管に気をつけて切って下さい。

## カメが水に入らないのですが、どうしたらいいでしょうか？

カメの生活形態によっては、水に入る生活が必要としないものも多くいます。

ここでは、半水生のカメに限定したものとします。

水に入らない理由としては、呼吸器系の疾患を持つ場合、飼育水の状態が生育に適さない状態になっている場合等が考えられます。水を交換しても入らない場合は、呼吸器系の疾患に罹患《りかん》していると考えられます。ほかに開口呼吸、鼻汁などの症状が認められないでしょうか？　その場合は、早めの受診が必要です。

## 迷子になったら どのように探したらいいのでしょうか？

屋内でしたら、家具の下や、狭い隙間などにいることが多いです。屋外でしたら、庭樹付近や湿度がある程度あるところに隠れていることが多いです。諦めずに、その辺りを重点的に捜して下さい。

## ミドリガメは冬眠するのでしょうか？

カメは変温（外温）動物です。外気温によって体温が変化します。ミドリガメ（ミシシッピーアカミミガメ）も例外ではありません。15度を切ってくると極端に生活能力が低下します。5度より低下すると冬眠状態となります。

# 健康管理について

TURTLE

## ミドリガメ、ゼニガメの日光浴で、注意しなければいけないことは？

どちらも半水生のカメで、水辺を好んで生息するタイプのカメです。
日光浴をすることによって甲羅・皮膚の清潔を保ち、微生物・寄生虫・苔等の害から防いでいます。

カメが日光浴するために、はい上がりやすく、全身が空気に触れることができる構造のもので、乾きやすく安定感のある陸地を備えて下さい。

材質としては、石・陶器・ブロック・流木・市販のカメの陸地などが適しています。

## 長生きさせるコツはありますか？

個々の種類に合った適正な食事と、飼育環境を守ることです。従って、それぞれの種類によって適正な食事、飼育環境が異なります。また、いつもと違うと気づいたら、早急に受診することです。

**・適正な食事**

**・肉食または昆虫食のカメの場合**　魚・虫などを与える場合、丸ごと1匹与えて下さい。そうすることで栄養のバランスを保つことができます。さらに、魚も虫も数種類与えることが可能であれば、より良い食事になります。

**・草食性のカメの場合**　できるだけ多くの種類の野菜（葉野菜類・根菜類・果菜類など）、果物を与えて下さい。野菜の場合は、緑黄色野菜を主に与えることによりビタミンAの不足を防ぐことができます。食が細い、あるいは幼弱な場合は、ミキサーで粉砕した状態にして与えて下さい。また、温野菜にして与えることも試みて下さい。食べ物は、長時間放置すると腐りやすいので、食べ残しには十分注意して適宜取り除いて下さい。

**・適正な飼育環境**　カメの種類によって全く異なってきます。飼育するカメの本来の生息地の気候に近い状態を作り出すようつとめて下さい。それには、少なくとも赤外灯、紫外線灯、サーモスタットおよびそれらをコントロールするためのタイマーが必要です。それらを上手に利用し生息地にできるだけ近い環境を作って下さい。また、水性・半水生のカメでは、水を清潔に保つための水を濾過する装置と、水温を適正に保つためのヒーターが必要になります。

# 病気・けがについて

## カメが何かを吐きだす仕草をするのですが、どうしたのでしょうか？

呼吸器系の疾患の場合と消化器系の疾患の場合が考えられます。ともに、重度と考えられますので早急な受診が必要です。

## 鼻水を流しています。対処法はありますか？

感染性呼吸器疾患、慢性的ビタミンA欠乏症、あるいは不適切な飼育環境などの単独の疾患と、それらの複合した疾患が考えられます。早急に受診して下さい。本疾患の治療には、以下の組み合わせが必要です。

・**感染性呼吸器疾患**　適切な抗生剤、消炎剤の投与。

・**慢性的ビタミンA欠乏症**　ビタミンAの投与または緑黄色野菜の給与。

・**不適切な飼育環境**　そのカメに最も適切な温度の設定、および清潔な環境の提供。

## カメの皮膚が剥がれるのですが、何が原因なのでしょうか?

透明な膜状の場合は、生理的な脱皮と考えられます。皮膚病の場合は、剥がれた皮膚がヌルッとしたような状態になります。

皮膚の異常は、ビタミン不足のほか、日光浴不足や不衛生など生活環境に問題があり、免疫力が下がっている場合に発生しやすくなります。

## 甲羅にニキビのようなものができたのですが、放置しておいて大丈夫ですか?

原因としては、細菌感染による膿瘍《のうよう》または腫瘍《しゅよう》が考えられます。生活環境が不潔な場合に発生しやすいので清潔に保ち、受診して下さい。多くは抗生剤と消炎剤の投与で症状が軽減あるいは消失しますが、排膿や切除の処置が必要な場合もあります。

## 斜めになって泳ぎますが、どこか悪いのでしょうか?

通常持続して斜めに泳ぐことはありません。体内で、体のバランスが保てないような異常な偏りが起きていると考えられます。原因としては、呼吸器系疾患で肺炎を起こし、肺の硬化により浮力が減り正常な泳ぎができない、また異物誤食の重みでバランスが取れないなどが考えられます。時として斜めの体勢をとるのであれば普通問題はありません。

## 後ろ足が痙攣することがあります。どうしたらいいのでしょうか？

痙攣の原因として、外部からの何らかの損傷による脊髄神経障害、またはカルシウム不足による神経障害等が考えられます。

受診をすすめます。

## カメの甲羅が割れてしまったのですが、どのように対処したらいいでしょうか？

落下や交通事故などが原因と考えられます。甲羅を修復し、感染予防の抗生剤、消炎剤の投与もあわせて必要です。

また、内臓の損傷の評価も必要ですので受診が必要です。

## カメの目が濁ってきました。どうしたらいいでしょうか？

原因としてはビタミンA欠乏症、ハーダー氏腺炎を含む目に対しての感染症等が考えられます。早期の受診が必要です。

ビタミンAの補給および適切な抗生剤、消炎剤の投与が必要です。また清潔にして、個々のカメに適合した環境づくりも欠かせません。

# HAMSTER
ハムスター

# 飼い方について

HAMSTER

## ハムスターを飼うためにそろえておいたほうがいいものはありますか？

必要なものを列記します。

ケージ（メッシュ状のものは高さ30センチ以下）、食器、飲水器、回し車、トイレ用容器、トイレ用砂、食事（ペレット・牧草など）、エアコン。

エアコンは、暑さ寒さに敏感なハムスターにとって、温度管理に最適なものです。

## 同じケージで飼ってもいいですか？

ヒメキヌゲネズミ属のジャンガリアン・キャンベル・ロボロフスキーのドワーフ（小型）ハムスターに関しては可能です。それ以外のハムスターは、闘争が激しく集団飼育は薦められません。ドワーフハムスターにおいても相性がありますのでよく観察することが必要です。

## 同じケージで何匹まで飼えますか？

ケージの広さ、それぞれの相性によって異なります。相性の良い、ジャンガリアンなどのドワーフ（小型）ハムスターに限定すると、８×８センチ程度の広さと15センチ以上の高さに一匹と、計算しておけば特に問題はないと考えられています。

ゴールデンハムスターの場合は、基本的に複数飼育はできません。

## 飼い方の基本とは？

一般的に飼育されるハムスターには、ゴールデンハムスターとジャンガリアンハムスターが良く知られています。これ以外にロボロフスキーハムスターなどが知られていますが前の二種類が一般的です。これらのハムスターは、別の種類で様々な違いがありますが、共通する飼い方の基本について述べてみます。まず、ケージとエサと水、専用トイレ、砂浴び場、回し車、巣箱などを用意しましょう。種類に見合った大きさのものがありますのでショップで相談してみましょう。エサは、ハムスター専用のドライフードのほか、新鮮な野菜や果物、穀類などを与えます。水は、あまり飲みませんが毎日交換し、トイレの掃除は毎日欠かさず行いましょう。昼間は寝ていることが多く、夕方から夜に良く活動します。ハムスターは丁寧に接していると良くなついてくれますので、野菜や果物などを指で与えてコミュニケーションを取ると良いでしょう。上手に飼育すると2～3年は元気に過ごしてくれるかわいい生き物です。

## 手であげたエサを捨ててしまうのですが、なぜでしょうか？

あなたのハムスターは、元気、食欲、ウンチやオシッコの状態、量、回数に異常はないでしょうか？　ひどく痩せていたり、異常に太っていたりはありませんか？

ないようであれば、あなたが差し出したフードを反射的に取ってはみたものの、お腹が空いてなかったであるとか、気に入らないフードであったであるなどの理由が考えられます。また、頬袋にすでにいっぱいフードが入っていたのかもしれません。

健康であれば問題ないのですが、あなたが見てもよくわからなくて、心配なようであれば、一度、病院で健康診断をしてもらって下さい。

## 触ろうとすると「ジージー」鳴きますが、なぜなのでしょうか？

「ジージー」と鳴いているときは、ハムスターが怖がっていたり不機嫌な気持ちでいたりするからです。おそらく触られるのを嫌がっているのでしょうね。そのような時に、触ろうとすると噛まれるかもしれませんので、無理に触ることはよしましょう。小屋の掃除などでどうしても触る必要があるときは、カップや箱をもちいて、ハムスターをその中に避難させて、箱と一緒に運んであげると良いでしょう。

## 散歩は必要ですか？

ハムスターは、毎日よく運動をします。特に、飼育1年以内の若いハムスターは、とても元気に動き回ります。しかし、屋外での散歩は基本的に必要ありませんし、首輪やリードをつけての散歩はハムスターにとって迷惑でしょう。コミュニケーションのひとつとして、ケージから出して室内を散歩させたり遊んであげたりするのは良いことですが、狭いところが大好きであることから見ていない隙に脱走したりけがなどにあったりする危険性があります。ケージから出す際には、しっかり見守ってあげましょう。寄生虫などの感染症の危険性があるので屋外での土の上での散歩はおすすめできません。また、ハムスターは夜行性ですので人が通常寝ている時間にも運動する動物です。ケージの中に回し車を設置してあげると十分な運動もできて良いでしょう。ただし、回し車とケージとの隙間に挟まってけがをすることもありますので体格に見合った大きさでの設置を心がけましょう。

## ハムスターは砂浴びをするのでしょうか？

野生のハムスターは、砂に背中をこすりつけて、体の汚れを取り除いています。毛の手入れにも必要です。ペットのハムスターにも、砂場を作ってあげると砂浴びを楽しむことがあります。小鳥のエサ入れのような体より大きいサイズの器に砂を入れてあげましょう。

## 夜遅くまで電気をつけていますが、ハムスターには影響はありませんか？

ハムスターは、明るい時間帯であってもある程度活動しますが、基本的には夜行性の動物であることから、本来の生活リズムはなるべく尊重してあげる必要があります。一日中明るい状態が続くと、ハムスターの体内リズムが崩れて病気にかかりやすくなる恐れがありますから、日中はなるべく静かなところで眠れるようにして、夜になったら部屋の電気を消すか、ケージに布をかぶせて暗くしてあげましょう。

## ハムスターとの外出、移動方法は？

動物病院に行くときなどの短時間の外出であれば、ホームセンターなどで小動物用の小さなケージを手に入れることもできます。チップやティッシュペーパー等下に敷いてあげて下さい。水入れボトルも装着できるものがあったりフードが入れられるものもありますが、移動中に水が漏れ出たりすることもあるため、ほんの1～2時間であれば、水なしでも良いかもしれません。長時間になるようであれば、あとで水を与え忘れないよう注意して下さい。移動中、車の中が思ったより暑くなったりすることもありますので、温度に注意して下さい。車の中であれば、夏だけでなく、春や秋の天気の良い日にも熱中症になることがあります。

家と家との移動であれば、いつものケージごと運んでも構いません。

ハムスターを外に遊びに連れて行くのは、基本的にはおすすめしません。外で放した場合迷子になってしまったり、イヌやネコに襲われたり、人間が踏んでしまったりと死亡事故につながります。

## ハムスターだけで留守番をさせておいて大丈夫でしょうか？

温度、湿度の変化に気をつけて、水とエサも不足しないようにしておけば、2日〜3日程度であれば大丈夫だと思います。夏や冬であった場合は、エアコンなどで温度管理するほうが無難でしょう。しかし、留守中の事故などが起きる可能性がありますので、可能であれば留守中は知り合いに預ける、あるいは留守中に世話に来てもらうなどしたほうが安心です。

## においがきついのですが、どのようにしたらいいでしょうか？

においはどこから来ているかを調べてみましょう。飼育ケースでしょうか？　ハムスター自身でしょうか？　飼育ケースなのであれば、掃除が行き届いていない可能性がありませんか？　ハムスターだって汚い生活はしたいと思っていないでしょうね。飼育環境を清潔に保つことは、一番重要です。トイレ掃除は、毎日行いましょう。尿で汚れたチップも交換しましょう。小屋は、定期的に大掃除もしましょう。もしも、ハムスター自身がにおうならば、動物が病気をしている可能性もあります。特に、皮膚の病気やおできなどができていないか、下痢をしていないかなど、確かめてあげましょう。

# しつけについて

HAMSTER

## いきなり噛むようになりました。どうしたのでしょうか？

きっかけが何かにもよりますが、何らかの理由で、手に恐怖感を持ったためと考えられます。

まず、手を体の上から出すのではなく下からすくいあげるように出して優しく接してみて下さい。できるだけ恐怖感を取り除く努力が必要です。

## 脱走したのですが、帰ってくるのでしょうか？

元々、帰巣本能は強い動物ですので食事を用意して、いつでも帰れるように準備して下さい。可能性がないわけではありません。

捜すのであれば、昼間は部屋の隅の暗い小さな隙間を重点的に、夜間は徘徊する可能性があるので部屋の広いところを重点的にチェックして下さい。見つかるかもしれません。

今後の課題として、ケージの出入り口のロックは厳重に行って下さい。

## ハムスターを慣れさせるにはどのようにしたらいいでしょうか？

小さい動物から見れば、オオカミや狐は食べられるかもしれないとても怖い存在で、人も同じようにとても大きく、数百倍も大きい動物ですからびっくりするような存在です。小さい動物であるハムスターが人に慣れるのは、毎日きちんと食べ物を与えてくれて、部屋の掃除をしてくれて、可愛がってもらえると理解するからです。これはすべての動物に当てはまることでしょう。ハムスターはそれほど視力が良い動物ではありませんので、いきなり手でつかむのではなく、優しく声をかけて私たちの存在を気づかせ、食べ物のにおいに気づかせて、そっと手からエサをあげてみましょう。手からエサを食べてくれるようになったら優しく体に触れてみましょう。体に触れることができたら、両手を使ってすくうように持ってみましょう。焦らずに何日もかけて徐々に慣らしていくことが大切です。また、幼い頃から飼うと、動物はよくなついてくれることも覚えておきましょう。

## 手の上に乗ってくれません。どうしたら乗るようになりますか？

手の上が楽しい場所であると、ハムスターが理解できるような工夫をしてみることが良いですね。例えば、おいしい果物や、少しのチーズ、クラッカーなどを手から与えて、徐々に慣らせて、慣れてきたら手のひらの上に置いて、そこまで取りに来るようにするのです。でも乗ったからといって無理につかんではいけません。安心して手に乗るようになったら、少しずつ頭や背中から優しくなでてあげましょう。まずはハムスターを安心させてあげること、そして手に乗ることが心地よいことと理解できるように心がけましょう。大切なことは、ハムスターを怖がらせないようにすることです。自然界では敵が上からやってきますから、頭上からつかもうとすると警戒されるのでよくありません。優しく両手ですくいあげるようにします。絶対に無理矢理つかまないようにしましょう。中には、どうやっても手乗りハムスターになれないこともありますから、無理はしないようにしましょう。

## トイレを決まったところでしてくれません。どのようにしたらいいでしょうか？

ハムスターは、きれい好きな動物で、多くの場合は決まったところに排泄します。

ケージの隅で排泄する傾向があります。隅にトイレを配置し、他所で排泄した糞尿を少し入れてにおいづけをしてみて下さい。多くは、解決します。

きれい好きな動物ですので、ケージの清掃も心がけて下さい。それも正しい排尿への一助になります。

## 回し車をすぐに齧ってしまいます。直すことはできますか？

元々、硬いものを噛むことはハムスターの習性です。種子の殻を噛み砕いて採食し、エサの少ない季節には木の皮や草を齧って食事としています。

直すことはかなり困難です。もし噛むところが一定しているのであれば、その場所にカラシやワサビのエキスを塗っておくと効果のある場合があります。一度試してみて下さい。

## お風呂に入れてもいいのでしょうか？

ハムスターをお風呂に入れてはいけません。野生のハムスターは、乾燥地帯に生息し水に入る習性はなく、体の手入れは自身の毛繕いで十分です。被毛は水に濡れると乾きにくく、体温を奪われ体調を崩し、死に至ることもあります。毛が部分的に汚れて、どうしても気になる場合は、蒸しガーゼで局所をふやかし、乾燥したガーゼでふき取り速やかに乾燥させて下さい。清潔な環境で飼育することでにおいは軽減されます。それでも悪臭がするのであれば病気の可能性があるのでよく観察して下さい。

## ケージを齧るのですが、そのまま放っておいていいのでしょうか？

門歯が傷つき、不正咬合になる恐れがあります。一度ケージを齧る習慣がつくと矯正することは困難です。齧れないようにリフォームするか水槽型のケージに変更して下さい。

また、齧るきっかけとしてストレスも考えられますので、ケージの広さや構造、ケージ周囲の環境も考慮しましょう。

## 爪は切ったほうがいいのでしょうか？

野生のハムスターでは、過剰に爪が伸びることはありませんが、飼育下では限られた狭い平坦なケージの中では、巣穴を掘ることもなく運動不足にもなりがちで適度に磨耗することがなく、過長になる場合があります。

物にひっかかり、けがの原因になったり、毛繕いの際に目を傷つけたり、行動に支障が起きるほどに伸びた場合は、切る必要があります。

切る際は、動きが速く指が細く小さいので1本1本慎重に気をつけ、血管より先端で切って下さい。

# 健康管理について

HAMSTER

## ハムスターに日光浴は必要ですか？

ハムスターは、純然たる夜行性の動物です。昼間は地中の巣穴でじっと睡眠を取り、夜になると活発に活動します。

従って日光浴は不必要です。

## 人間用の蚊取りマットを使っていますが、問題ありませんか？

蚊取りマットの主な成分は、ピレスロイド系と呼ばれる虫の神経に作用する化学物質です。これは哺乳類に対して安全性が高いことが確認されているので、ハムスターのいる部屋で使用しても特に問題ないでしょう。用心のために、ハムスターのケージにあまりに近い位置での使用は避けましょう。

## 太り過ぎかどうかのチェック方法はありますか？

いくつかわかりやすいチェック方法がありますので、以下に列記します。

①前足の基部の皮膚のたるみ。
②胸腹部の腹側の脱毛、擦過傷。
③上から見て球形に見える。
④背中に触れても、背骨を確認できない場合。
⑤それぞれの種類の平均体重を大きく超えている場合。

## 太りすぎのハムスターのダイエット方法はありますか？

まず、エサの内容を変えることです。太り具合を考慮しながら高栄養価で高カロリーのエサ（ペレット・種子・根菜類・果物・実野菜など）を減らして下さい。代わりに嵩が高く繊維の強い低カロリーのエサ（イネ科の牧草、葉物野菜など）与えて下さい。

回し車を設置してない場合は設置し、ケージを広いものに変えるのも有効です。

## 長生きさせるコツはありますか？

適正な食事と飼育環境を守ることがコツです。また、いつもと違うと気づいたら、早急に受診することです。

**・ハムスターの基本的な食事**　本来の食性は、草食に近い雑食性です。

①牧草および葉野菜が50％以上。

②ハムスター用ペレット・種子・根菜類・果菜類・果物などが約40％。

注意・ハムスター用ペレットだけでも問題はありません。

・ヒマワリの種は、高カロリーなので1日2〜3個までにして下さい。

③動物性食品（昆虫・卵黄・チーズ・魚粉など）が約5％。

④水　いつでも飲めるように設置して下さい。水入れはボトルタイプか、ハムスターが中に入れないタイプの床置き型を使用して下さい。

**・飼育環境**　野生のハムスターの生息場所は、北半球の涼しく乾燥した地域に集中しています。従って高温と多湿を嫌います。夜行性で昼間は地中の巣穴で眠り、夜間に活発に活動します。自然に近く安全で快適な生活ができるように、工夫が必要です。

**①ケージ**　金属性のメッシュケージでは、高さが30センチを超えないか、登りにくい構造（網目が縦）のもの。

**②床**　木製のスノコを敷き、その上に牧草を敷きます。トイレを設置すると多くは上手に利用します。

**③巣穴**　代用として陶器製・ガラス製・木製あるいは紙製（例　トイレットペーパーの芯）の筒状のものを入れておくと安心します。

**④回し車**　運動不足の解消のために必要ですが、手足の骨折の原因になることがあります。ハムスターの体格に合った大きさで、手足の落ち込まないタイプのものを選んで下さい。

**⑤温度・湿度**　温度は、10〜25度（理想的には20〜24度）で日内の差が5度以内。湿度は、60％以下（理想的には45〜55％）が良い環境です。エアコンを利用すると比較的容易に実施できます。5度以下になると冬眠状態となり死の危険があります。

## しこりができたのですが、対処方法は？

しこりと思われるものにも様々あり、特に治療が必要ないものから、ニキビのように細菌などが入り込んで炎症を起こしている場合や、腫瘍ができている場合もあります。ハムスターは、比較的腫瘍のできやすい動物ですから、心配な場合は獣医師の診察を受けるのが良いでしょう。まれに、正常な睾丸や臭腺、食べ物の詰まった頬袋をしこりと勘違いして来院されることもあります。

## 食欲がないのですが、どのようにしたらいいのでしょうか？

すぐにできることは、部屋の温度が適切か確認し調節することです。18度〜26度が適温と言われています。適切な温度でも食欲が改善しないのであれば、獣医師に相談することをおすすめします。下痢をしているのなら、消化器疾患がある可能性が高いので、便も持参して受診しましょう。ほかにも歯が伸びているために食べにくかったり、どこかが痛いことが原因になっていたりする可能性もあります。何をどれくらい食べているのか、痛そうなところはないか、食欲がない以外に異変はないか、などよく観察して受診の際に獣医師に相談しましょう。

## ペレットを食べてくれません。病気でしょうか?

病気の場合もありますが、ほかに多くの好みの飼料（例　種子・根菜類・果菜類など）があればペレットを食べないことは珍しくありません。

そうでなければ病気の可能性が高くなります。早めの受診をすすめます。

## 水を飲まないのですが、どのようにしたらいいでしょうか?

ハムスターは種類にもよりますが、もともとはブルガリア、ルーマニアからイラン、アフガニスタンといった水の乏しい、あるいは砂漠地域に生息している動物です。そのため、ごく少量の水分でも体が耐えられるのです。ですので、皆さんが飼育しているハムスターも乾燥に強く、食べ物の中に充分な水分量が含まれている場合には、飲水ボトルや器などから直接水を飲む必要がないのです。さらに、食事に野菜や果物などが含まれていれば、そこから十分な水分をとることができるので、水を飲まなくても平気なのです。しかし、全く水分が必要ないというわけではありません。もしも、ドライフードばかりを食べているにも関わらず水が飲めていない場合はいけません。飲水ボトルの位置は、ハムスターが飲みやすい位置にありますか？　ボトルの飲み口からちゃんと水が出ますか？　飲みたくても飲めないようになっていないか、確かめてみましょう。野菜や果物を与えていれば、必要な水分はとれていると考えましょう。

## お腹が膨らんできたように見えます。便秘なのでしょうか？

最近の食欲、排便、運動の様子はどうですか？　エサは食べているのに便が出ていない場合や、硬い便が少量しか出ていない場合は、便秘の可能性があります。ほかの原因として、妊娠や、お腹に水が溜まっている場合や、お腹の中に腫瘍などがある場合もお腹が膨れてきます。何らかの原因で腹痛などがあり、排便できずに便秘となっている可能性もあります。動物病院を受診される際は、与えているフードや便を持参し、見てもらうほうがより正確に診断ができます。心配でしたら一度受診するほうが良いでしょう。

## ウンチがつながって出てくるのはどうしてですか？

ハムスターは、たいへんなきれい好きで、全身の毛を舐めることで毛繕いをしている生き物です。毛繕いのときに自分の毛を少なからず飲み込んでしまいます。その毛が便に混ざってつながるきっかけになります。これは正常なことですので大きな心配はいりません。しかし、時には巣材として綿や糸を用いていると、それらを飲み込んで腸閉塞などの病気の原因となってしまうことがありますから注意しましょう。心配なときは、獣医師の診察を受けることをおすすめします。

## オシッコした痕跡がないのですが、どうしたのでしょうか？

ハムスターは、トイレ以外にも自分の寝床や回し車の中などでも尿をする可能性があります。そういった箇所にも全くしていないとすれば、尿が出なくなっている可能性があります。尿が出なくなる原因としては、腎臓の病気や尿結石による尿道の閉塞などが考えられます。完全に尿が出ない状態が約1日以上続くと大変危険で命に関わります。出ていない場合には、早めに獣医師の診察を受けましょう。

## 部分的に脱毛しています。対処法はありますか？

脱毛の原因には寄生虫、細菌、カビ、栄養不足、ストレスなど様々な可能性が考えられます。金網や回し車などにこすれて脱毛する場合もあります。まずは、脱毛の原因をつきとめる必要がありますから、獣医師に相談することをおすすめします。その際はかゆみがあるかよく観察して、受診の際に獣医師に伝えると参考になるでしょう。必要に応じて皮膚検査なども行うことができます。

## お水をよく飲むので、オシッコの回数が増えました。病気ではないでしょうか？

多飲多尿は、腎臓や生殖器の病気、ホルモンの異常などが原因となっていることがあります。ただ、必ずしも病気が原因とは限らないので、1日の飲水量とオシッコの量をチェックして獣医師に相談することをおすすめします。来院時は、可能であればオシッコを持参して下さい。

# 食事について

HAMSTER

## エサはヒマワリの種だけでいいのでしょうか？

ヒマワリの種は、脂肪分が高くハムスターにとってバランスの取れたエサではありません。ヒマワリの種ばかり与えられているハムスターは肥満傾向となり、本来の寿命を全うできなくなります。品質の高いハムスター用のペレットを選べば、ペレットと新鮮な水だけで理想的な栄養状態にすることができます。ヒマワリの種は、コミュニケーションを取るために少量を手渡しで与えたり、消耗性の病気になった際に、高栄養の食事として与えるなどにとどめましょう。

## 食べさせていい植物はありますか？

食べさせても良い植物として、キャベツや人参、タンポポやクローバーなどが知られています。観葉植物のほとんどのものは、食べさせてはいけないものとして認識すべきです。有名なものとして、シキミ（有毒成分アニサチン）、アイビー、幸福の木、ポトス、ゴムの木、ソテツなど代表的な観葉植物と言ってよいものばかりです。

その他

HAMSTER

## ハムスターが亡くなったとき、自宅の庭に埋めてもいいのでしょうか？

もし、自分の所有の庭があれば埋めてもいいですが、別の場所に勝手に埋めることは禁止されています。お住まいの市町村役場などにお問い合わせ下さい。また、お近くのペット葬儀会社やペット霊園に相談されることも、ひとつだと思います。

# FERRET
# フェレット

# 飼い方について

FERRET

## 飼い方の基本とは？

適正な食事と飼育環境を守ることです。

**適正な食事**　フェレットの食性は、肉食に近い雑食です。動物性蛋白質と動物性脂肪を多く含み、炭水化物と繊維の少ない食事が適しています。

・**フェレット用の固形飼料（ペレット）**　年齢にあったもの。

・**少量の肉類（魚肉以外）**　ペレットに対し5％以下の量。

・**清潔な水**　ボトルタイプの水入れで、与えて下さい。

・**適正な飼育環境**　屋外の飼育には不向きです。屋内のケージで飼育し、飼い主の目が届くときに、ケージから出して遊ばせるという形態が、フェレットを事故から守ることになります。

・**ケージ**　金属製のもの（フェレット用・大型のトリ用・ウサギ用）

・**寝床**　タオル、シャツ、布製の帽子、市販のハンモックなど。

・**食器**　ひっくり返されないもの。

・**温度**　一般的には5～25度（理想的には15～25度）。

・**湿度**　70％以下（理想的には40～65％）。

・**入浴**　通常、必要としません。入浴させる場合は、1カ月に1回以内であれば、フェレット用シャンプーまたはイヌネコ用シャンプーで洗っても問題はありません。

**予防できる感染症（予防が必須な感染症）**

**・犬ジステンパー**　定期的なワクチン接種が必要です。

**・犬フィラリア症**　蚊の発生季節に1カ月に1回の投薬で予防できます。

**・ヒトインフルエンザ**　飼い主を介してうつります。飼い主がワクチン接種を受けることで、多くは予防できます。

## 予防接種はしたほうがいいのでしょうか？

犬ジステンパーの予防接種は、必ず受けて下さい。特に、有効な治療法のない、致死率の非常に高い疾患です。

人のインフルエンザにもかかります。フェレットを飼育する場合は、飼い主（接触する人）は、必ず予防接種を受けて下さい。

## 臭腺除去手術はしたほうがいいのでしょうか？

通常、販売されているフェレットは、臭腺除去手術がすでに行われています。

何らかの理由で、未実施のフェレットを入手した場合は、手術を受けることをおすすめします。その理由は、臭腺内の臭液が飛散した場合、耐えがたい猛烈な悪臭を発するからです。

## 臭いのですが、臭腺が詰まっているのでしょうか？

フェレットの多くは、購入時にはすでに臭腺除去手術、去勢・避妊手術を受けています。もし受けていないのであれば、これらの手術を行うことである程度においを軽減できます。また、飼育環境の改善（こまめに掃除を行う）、あるいはシャンプーを行うことでもにおいを軽減できます。

# 繁殖について

FERRET

## 去勢手術は必要なのでしょうか？

手術をしていないことで、元気なフェレットに育つと言われていますが、未去勢のオスのフェレットは、発情時に体臭が強くなるとともに、マーキング行動をすることが多く、同時に攻撃性も高くなります。発情時の状態で検討されたらいいかと思います。

# 健康管理について

FERRET

## 健康管理の方法は？

適切な環境づくりが健康管理のためには不可欠です。

・**ケージ**　メッシュケージが理想的です。水槽ケージでは換気が不十分です。広さは55×45×15センチ以上が必要です。網目が広いと脱走しますのでフェレット専用ケージは、網目がかなり狭くなっています。成獣で5センチ以下が基準です。

・**寝具**　ハンモックあるいはタオル等を入れておくと、その中に入り体を休めることができます。専用のものが市販されています。

・**エサ入れ**　はめ込み式か壁かけ式が清潔です。陶製・ガラス製、金属製の重いもの（フェレットがひっくり返せないもの）であれば床置き式のものでも特に問題はありません。

・**水入れ**　給水ボトルを使って下さい。常に水分を摂取できる状態が必要です。

・**温度・湿度**　体表の発汗機能が未発達ですので、33度以上になると耐えることができなくなります。エアコンの設備が必要です。理想温度　15～25度・理想湿度　45～55％

・**トイレ**　頻繁に排泄をします。出入りしやすいように前部が低く側面・後面が高いものがすめられます。市販の専用トイレを用いると良いでしょう。

・**掃除**　ケージ、トイレ、エサ入れ、水入れ等、できるだけ細かくチェックし常に清潔に保って下さい。

**・食事**　蛋白質と脂肪の要求量が非常に高いのが特徴です。具体的には蛋白質が30％以上、脂肪が18～30％含まれたものが必要です。それにはフェレット専用フードを与えることです。イヌ用・ネコ用フードでは不足が生じます。専用フードの中でもドライフードが歯石の付着が少ないので、第一選択の食事になります。

## 歯石がついているようですが、取る必要はありますか？

フェレットは、歯石がつきやすい動物ですが、特に軟らかいエサを多く食べている個体に見受けられます。歯石がつくと口が臭くなったり、歯周炎が生じたりしますので、歯石が多い場合は除去したほうが良いです。自宅でスケーラーを用いて歯石を除去することもできますが、歯肉を傷つけたり歯が折れたりする危険もありますので、動物病院で除去してもらうほうが安全です。

## 暑さでグッタリしているのですが、何かいい方法はありますか？

エアコンを使用して15～25度に飼育場所を管理して下さい。それがベストの選択です。

扇風機単独では、熱い空気をかき混ぜるだけです。

現在の日本の夏季の室温を適正に保つには、エアコンは欠かせないものとなっています。エアコンに扇風機を組み合わせれば、さらに良い状態になります。

## 人間用の蚊取りマットを使っていますが、問題ありませんか？

通常の使用法に従えば問題はありません。

密閉された部屋、小さな部屋での不適合な大容量の使用では問題になることがあります。フィラリア症を考えてのことであれば、内服薬の適正な使用で確実に防ぐことができます。

## 長生きさせるコツはありますか？

フェレットの寿命は、一般的に7～8年と言われます。フェレットは肉食動物ですので、良質のタンパク源が必要であることから、フェレット専用の良質な高タンパクの品を利用するようにしましょう。常に新鮮な水を与え、トイレを毎日交換するときには尿や便の状態にも気づかい、寝床を清潔にして、耳や体の汚れにも注意して清潔を心がけましょう。中高齢になると、いくつかの病気が起こりやすく、リンパ腫、副腎疾患、インシュリノーマはその代表です。これらの病気を何かによって完全に防ぐという方法は見つかっていません。ですので、病気やけがをしないようにすることと、病気をしても上手に看病してあげることが長生きさせるコツかもしれません。フェレットは、イヌのジステンパーやフィラリアに感染する動物ですので、不慮の死を防ぐためにも、病気は予防と早期発見が大切です。これらを確実に行うためにも、定期的に動物病院で獣医師に相談し、健康診断などを利用することもひとつの方法でしょう。

**胃液や胆汁のようなものを吐きます。また、吐きたいようでも吐かず、食欲もないです。どう対処したらいいですか？**

異物を摂取したことによる消化管閉塞や、膵臓疾患《すいぞうしっかん》などの場合が考えられます。外科治療が必要な場合も多いので、早めに動物病院にご相談下さい。

**異物を飲み込んだときの対処法は？**

異物を飲み込んだときは、早急に動物病院を受診して下さい。その際、食べたもののかけら、食べたものと同じものがあるなら、一緒に持って行って下さい。フェレットの異物摂取は、ほとんどが外科手術での摘出となるので、普段からフェレットの周囲にあるものには注意を払って下さい。

## 下痢や嘔吐、タバコを食べたりしたときはどうしたら良いでしょうか?

1歳未満のフェレットは、特にいろいろなものを齧る癖があり、その際誤って飲み込んでしまうことがあります。異物摂取の可能性が高い場合は、レントゲン検査、超音波検査、バリウム造影検査などを行い、異物の確認が必要です。また、タバコなどの中毒物質を摂取した場合は、直後であれば催吐《さいと》処置を行うこともあります。異物摂取は、命に関わることがありますので、異物などの摂取が疑われた場合は、可能な限り早急な受診をおすすめします。

## 排尿が困難で血尿が出ます。どのように対処したらいいでしょうか?

排尿が困難で血尿が出る場合、多くは膀胱炎もしくは結石が原因です。尿が全く出ない場合は、命の危険性があるので早急に病院に行って下さい。膀胱炎であれば、抗生剤による治療が必要ですし、結石が原因の場合は、手術が必要な場合もあります。動物病院で尿検査、画像検査などを受けることをおすすめします。

## 肉球が腫れてきました。どのようにしたらいいでしょうか？

肉球に異物が刺さったり、外傷があって腫れている場合は、異物を除去し洗浄します。さらに、感染などが疑われる場合は、抗生剤の投与が必要になることもあります。また、フェレットでは肉球が硬くなり爪状に変形すること（偽爪《ぎそう》）があります。偽爪は、飼育ケージの硬い床材などに擦れるために起こる可能性があり、その場合は床材を軟らかいものに変更して、ハンモックなどを使用するなどの飼育環境の改善を行って下さい。そのほかにも死亡率の高い犬ジステンパーウイルス感染症でも、肉球が硬くなる症状が見られるため、肉球以外にも皮膚炎や呼吸器症状、神経症状などが見られる場合には、速やかに獣医師に相談して下さい。

## 歯ぎしりをするようになりました。病気なのでしょうか？

フェレットの歯ぎしりの多くは、何らかの疾患が関与している場合が多いです。特に、内臓系の疾患からくる痛みなどで歯ぎしりをする場合が多いです。動物病院を受診し、何らかの疾患がないか検査を受けることをおすすめします。

## ウンチが普通に出ないのですが、どうしたらいいでしょうか？

便秘や消化管腫瘍の可能性があります。また、周辺の腫瘍の増大により消化管が圧迫されている可能性もあります。動物病院でレントゲン検査や、超音波検査などの画像検査を受けることをおすすめします。

## ウンチの形状がいつもと違うのですが、どうしたのでしょうか？

食事の変更、体調などにより便の形状、色調が変化することがあります。細い便、黒色の便、下痢などが続く場合は、異物摂取、腫瘍、腸炎などの可能性があるので、動物病院での検査をおすすめします。

## メスのフェレットですが、脱毛して局部が腫れています。どうしたのでしょうか？

このような症状は、避妊されていないフェレットでは発情時に見られます。しかし、現在日本の一般家庭で飼育されているフェレットは、ほとんどが生後6週齢以内に避妊手術されているため通常は発情しません。そのためこのような症状が見られた場合は、避妊手術の際に卵巣が取り切れていない可能性や副腎疾患（副腎機能亢進症《ふくじんきのうこうしんしょう》）により、過剰に性ホルモンが分泌され引き起こされていることが考えられます。治療には手術が必要になることもあります。

## メスの陰部が腫れてきました。対処法はありますか？

フェレットの陰部が腫れる原因としては、発情および副腎疾患があげられます。避妊手術を受けている個体であれば、副腎疾患の可能性が高いです。陰部の腫れ以外に体幹の脱毛、皮膚の菲薄化《ひはくか》、体重減少、被毛粗造《ひもうそぞう》、多飲多尿などの症状が見られるようなら、さらに可能性が高まります。動物病院で副腎の超音波検査を受けることをおすすめします。

## 肛門が腫れているのですが、どうしたものでしょうか？

不適切な臭腺除去手術、外傷などによる肛門周囲の感染症あるいは下痢や便秘などにより肛門周囲が赤く腫れることがあります。感染症の場合は、抗生剤による治療が必要です。下痢や便秘の場合は、便検査やエサの変更などが必要になります。また、下痢や便秘により排泄時に力むことで直腸が反転して肛門から出てくる場合があります。この場合は、直腸脱ですので放置していると直腸が壊死してしまうため至急受診して下さい。

## 目がくすんでいますが、人間の目薬で治りますか？

目の中が白くくすんでいる場合は、白内障が考えられます。白内障は、遺伝的な素因により若齢で発生するものと、老齢性の変化で生じるものがあります。フェレットは、もともと視力が弱いため、白内障の症状はほとんど見られません。そのほか、目の外傷、感染などでも目がくすんで見えることがあります。動物病院を受診し、原因に応じた治療を行って下さい。人間の目薬を使用するのは危険ですのでおやめ下さい。

## 歯が折れてしまいました。どうしたらいいでしょうか？

フェレットは、好奇心旺盛なため硬いものを齧ったりして歯が折れることがあります。歯の内部にある歯髄《しずい》が露出すると歯髄炎になることがあります。歯髄炎が悪化すると根尖膿瘍《こんせんのうよう》などを引き起こし、顔が腫れてきたり、顔の皮膚から排膿が見られたりします。歯が折れた場合は、抜歯が必要なケースもありますので、動物病院を受診して下さい。

## 歯茎から出血しています。対処方法はありますか？

小さな外傷などであれば、自然に出血がおさまることがあります。しかし、フェレットでは歯垢・歯石が歯に付着し歯肉炎や歯周病が見られることが多く、歯茎から出血しやすくなります。そのような場合は歯垢・歯石除去や抜歯などの適切な治療が必要となります。

## 皮膚に張りがなくなったように感じます。対処方法は？

年齢や飼育状況により、皮膚の状態が悪化することもあります。そのための飼育環境（湿度や温度）や栄養状態などに不備がないか一度確認してみましょう。また、フェレットでは、皮膚に異常を示す病気として副腎疾患などがよく見られます。副腎疾患では、尻尾から背中にかけて左右対称性の脱毛やかゆみ、メスでは陰部の腫脹《しゅちょう》などが見られます。そのような症状が見られた場合は、動物病院への診察をおすすめします。

## 抜け毛があるのですが、どのように対処したらいいでしょうか？

フェレットは、季節性に換毛《かんもう》が見られます。特に春季や秋季に換毛期がおとずれますが、家庭で飼育されている場合は、特定の季節にかかわりなく起こることもあります。換毛期には尾根にのみ脱毛が見られます。季節性の脱毛であれば、通常無処置で2～3カ月で発毛します。また尾根部のみでなく背中などに広がる左右対称性の脱毛が見られた場合は、副腎疾患が疑われます。そのほか、

フェレットで脱毛を起こす原因としては、細菌や真菌などの感染症や皮脂腺炎、腫瘍性病変などの病気があり、これらに対しては適切な治療が必要となります。

## 尾の先端の毛が抜けてその部位が硬く光沢があります。徐々に大きくなってきていますが病気ですか？

脊索腫《せきさくしゅ》という腫瘍の可能性が高いと思われます。

フェレットでは、時折見かける腫瘍です。尾の先端部に発生することが多く、この場合切除することで治療可能です。腫瘤が大きくなってくると、床にこすれて潰瘍になったり自潰する場合もあるので、外科的な切除が好ましいと思われます。

## 皮膚に発疹や腫れものができたのですが、人間の塗り薬で治りますか？

原因がわからないため、安易な投薬はおすすめできません。フェレットでは、副腎疾患や腫瘍などにともなう皮膚の異常がよく見られますが、通常はこれらの病気に対して塗り薬は効果を示しません。そのほかにも細菌や真菌、寄生虫などの感染症なども見られますが、適切な薬剤を使用しないと効果はありません。まずは、病院で皮膚の検査を行うことをおすすめします。

## 耳にダニがついたのですが、除去方法はありますか？

フェレットには、イヌネコと同様のミミヒゼンダニが寄生します。治療は、耳垢がたくさんある場合には綿棒などで除去して、駆虫剤薬を投与します。駆虫薬は、2〜3週間ごとに皮下注射や耳道内（耳の中）に局所投与します。投薬は、ミミダニの虫体や虫卵がみられなくなるまで行います。早期に治療すれば重篤な問題にはなりませんが、悪化すると中耳炎や内耳炎を起こし、神経症状がみられることがあるため注意が必要です。また、ミミダニは他のフェレットやイヌ、ネコにも感染するため、ミミダニの治療中のフェレットは、同居の他の動物とは隔離する必要があります。

## ノミがついたのですが、除去方法を教えて下さい。また、このノミは人間に害はありますか？

フェレットには一般的にイヌやネコ、人のノミが寄生します。そのためノミの寄生は、フェレットから人、または人からフェレットへの感染が起こります。ノミが人に寄生すると皮膚のかゆみなどが見られます。フェレットのノミの除去には、イヌやネコと同様の外用駆虫薬が用いられます。しかし、これらはフェレットに対しては効能書適用外の使用になるため、獣医師と相談の上での使用をおすすめします。

## クシャミ、鼻水、鼻づまりがありますが、対処方法はありますか？

フェレットがクシャミや、鼻水、鼻づまりなどの呼吸器症状を示した場合、インフルエンザウイルスや犬ジステンパーウイルスの感染に注意する必要があります。フェレットは、人のインフルエンザに感染します。そのため、フェレットからフェレット、人からフェレット、フェレットから人への感染が起こり、在宅治療中では家庭内での感染に注意する必要があります。フェレットは、人間ほど重篤な状態になることはないため、治療は抗生剤の投与や抗ヒスタミン剤、輸液や食事療法などの対症療法を中心に行います。犬ジステンパーウイルスの感染では、呼吸器症状のほかに、唇や顎下の発疹や皮膚炎、斜頸《しゃけい》や眼振《がんしん》といった神経症状などが見られることがあります。フェレットが犬ジステンパーウイルスに感染した場合は、有効な治療法はなく死亡率はほぼ１００％です。そのため、犬ジステンパーウイルス感染を防ぐためには、定期的な予防接種がとても重要になります。

## 聴覚障害があるようなのですが、どのように対処したらいいでしょうか？

フェレットでは、遺伝的に聴覚障害が起こる可能性があります。現在のところ有効な治療法はありません。しかし、聴覚障害が食事や運動、排泄などに支障をきたすことがないため、日常生活においてあまり問題になることはないようです。しかし、音が聞こえづらいので、急に後ろから近づいたりすると、こちらの存在に気づかずにパニックに陥ってしまう可能性があります。そのため、後ろから近づいて、急に触るなどの行為は控えるようにしたほうが良いでしょう。

## 歩き方がぎこちないような気がします。どこか悪いのでしょうか？

急に歩き方がおかしくなった場合、骨折や脱臼などの可能性があります。ケージの隙間やドアに挟まったり、ものの下敷きなってしまうことで骨折や脱臼する恐れがあります。診断には触診やレントゲン撮影を行い、骨や関節の評価をします。治療には麻酔をかけての処置が必要になります。

## 生後2年目くらいから食欲が急になくなり、下痢をし、痩せてきました。どう対処したらいいですか？

下痢は、様々な病気で起こる可能性があります。若齢フェレットで下痢を起こすよく見られる病気としては消化管内異物や胃腸炎などがあげられます。

フェレットは、周囲にある様々なものに興味を持ち、とくにゴム製品やスポンジ製品を噛むことを好みます。若齢のフェレットでは、ゴム製品の誤食が最もよく見られます。異物が腸管に詰まって閉塞してしまった場合、嘔吐や食欲不振、衰弱などが見られます。状態によっては、緊急に外科手術による異物の摘出が必要となります。

胃腸炎は、年齢に関係なく見られ、様々なタイプの腸炎があります。胃腸炎の原因は食事性、細菌性、ウイルス性、免疫介在性、遺伝性などがあり、治療は原因によって異なり、抗生剤投与や点滴、食事の管理などを行なっていきます。

# OTHERS
# その他

## 賃貸住宅なのですが動物を飼う場合家主や不動産会社の許可は必要でしょうか？

賃貸住宅でもペットを飼える物件は増えてきています。しかし、ペット可の物件であっても家主、不動産会社への申請が必要になります。また、飼育可能なペットの種類、大きさなどが規定されている場合や、健康診断書の提出を求められる場合があります。無断で飼育した場合は、賠償請求されることもあるので必ず家主あるいは不動産会社に相談して下さい。

## トリマーになりたいのですが、どのようにしたらいいのでしょうか？

専門学校で動物の飼い方や栄養学、美容論などと、トリミングの実技を勉強してトリマーになるのが一般的な方法です。トリマーは国家資格ではありませんので、いろいろな団体がトリマーの認定をしています。そのほかには通信教育でトリマーの資格を取る方法もあります。

## 獣医師になるにはどのような勉強をすればいいのでしょうか？

大学で獣医師を養成する学部・学科があります。まずは、そのいずれかに入学する必要があります。そこで、解剖学、生理学、公衆衛生学、内科学など多くの分野を6年間勉強します。その